普通高等学校一流专业建设

环境科学系列规划教材

本书的出版得到了教育部中央高校基本科研业务费专项（XDJK2019B067）和
广西岩溶动力学重大科技创新基地开放课题项目（KDL & Guangxi 202012）的资助

环境有机污染物分析

孙玉川　主编

西南师范大学出版社
国家一级出版社　全国百佳图书出版单位

图书在版编目(CIP)数据

环境有机污染物分析 / 孙玉川主编 . — 重庆：西南师范大学出版社, 2021.4
ISBN 978-7-5697-0791-5

Ⅰ.①环… Ⅱ.①孙… Ⅲ.①有机污染物—污染物分析 Ⅳ.①X132

中国版本图书馆CIP数据核字(2021)第055408号

环境有机污染物分析
HUANJING YOUJI WURANWU FENXI

主　编　孙玉川

责任编辑：郑先俐

责任校对：赵　洁

装帧设计：汤　立

排　版：黄金红

出版发行：西南师范大学出版社

地址：重庆市北碚区天生路2号

网址：http://www.xscbs.com

邮编：400715　　市场营销部电话：023-68868624

经　销：全国新华书店

印　刷：重庆俊蒲印务有限公司

幅面尺寸：195mm×255mm

印　张：10

字　数：267千字

版　次：2021年4月 第1版

印　次：2021年4月 第1次印刷

书　号：ISBN 978-7-5697-0791-5

定　价：35.00元

前　言

　　随着人口的增加、工业生产的迅速发展,越来越多的有机污染物被引入环境,导致环境污染加剧。环境有机污染物由于含量低、毒性大、难降解、易转化、生物富集放大等特点,已引起人们越来越多的关注。认识与解决环境有机物污染物污染的问题,必须对环境中的有机污染物的性质、来源、含量及其形态进行细致的分析与监测。为了系统介绍环境有机污染物分析的内容以及近年来国内外有机污染物分析的新理论、新技术和新方法,我们着力编写了本书。

　　本书以有机污染物的分析流程为主线,系统地介绍了环境中的有机污染物的分析流程和特点、不同环境介质中有机污染物的取样方法和注意事项、当前主流的不同环境介质中有机污染物的提取技术和特点、环境有机污染物的检测方法及应用示例。本教材力求简明实用,理论与实验操作相结合,既注重对学生理论知识的拓展与巩固,又注重对学生基本实验技能的培养和锻炼。通过本书的学习,旨在使学生能更进一步理解环境有机污染物分析的理论知识,掌握环境有机污染物的分析流程,养成严谨、实事求是的科学态度,提高观察、分析和解决问题的能力。本书既可以作为高等院校环境工程、环境科学、环境分析和检测等专业本科生和研究生的教材使用,也可以为环境监测工作者提供参考和借鉴。

　　本书在编著过程中参阅了国内外环境有机污染物前处理及仪器分析的各类书籍、教材、文献等资料,力求反映环境有机污染物分析的概况和发展。所引用文献资料,已用参考文献标出,既是对原作者的尊重,也便于读者查阅原始文献。虽然我们在编写时尽了最大努力,力求将本书编得更好,但限于作者的水平,不妥及疏漏之处在所难免,恩请广大读者批评指正,作者将不胜感激。

2021 年 3 月于西南大学

目录
CONTENTS

环境有机污染物前处理技术················16

1 环境有机污染物分析概述

1.1 环境中的有机污染物

一般认为,环境中有多少种有机化合物,就有多少种有机污染物。对任何有机化合物来讲,在一种状态下属于有用物质,而在另一种状态下则变为有机污染物。例如,农药是人们生产出来为农业增产不可或缺的重要物质,但农药在使用中只有10%落在作物上,其余90%散落在土壤和水体中,加之有些有机氯农药难以降解,通过生物链进入食物,从而进入人体,成为严重的有机污染物质。

随着生产的发展和科学技术的进步,人类从自然资源直接或间接(经过加工)获取的物质越来越多。在各类物质生产中,化学品的发展尤其迅猛,不仅产量在增加,其品种也在与日俱增。我们通常把危害环境和人体健康的化学品称为有毒化学品,污染环境的有毒化学物质称为有毒污染物。有毒污染物一般通过如下途径进入环境:(1)人类活动产生的废弃物(包括工业废弃物、生活废弃物和商业废弃物),由于处置不当而进入环境;(2)化学品在生产、排放、运输、贮存、流通、使用过程中,一些有毒化学品及有毒副产物进入环境;(3)一些无毒的化学品进入环境后,因发生化学反应、生化反应等而产生有毒的二次产物;(4)环境自身天然释放的有毒化学物质,如亚硝胺、重金属及其化合物等。

目前,美国《化学文摘》登记的化学物质种类已超过1.5亿,并以每周6 000多种的速度增加,其中90%以上是有机物。美国环保署规定的129种优先污染物中,有机化合物占88.4%;我国规定的68种优先控制污染物中,有机化合物占85.3%。此外,近代化学工业的发展,使世界有机化工产品每7~8年翻一番。这些化工产品的生产丰富了人类的物质世界,促进了工农业和现代科学技术的发展,提高了人类的生活水平。然而,这些化工产品在生产和使用过程中都会向环境排入大量有机污染物。通常进入各环境介质中的外源化合物,其降解速度受化合物本身的物理、化学性质和环境因素(如光照、温度、水分、土壤和生物因子等)的制约。因此,进入环境中的有机污染物通常可以分为两类:第一类是量大易降解(包括生物降解和化学降解)的有机物,可用BOD和COD指标检测到;另一类是具有较稳定的化学结构及其他特性的有机污染物,在大气、土壤、水、生物等介质中难以降解。这类有毒有害难降解的有机化合物,它们的量很低,我们通常把这些有机污染物称为持久性有机污染物,也有人称其为有机微污染物。又由于难降解,因此用BOD和COD指标无法表征。这类毒害有机物由于具有以下特点而危害极大:(1)含量低、毒性大。这类物质的含量很低,仅10^{-6}级、10^{-9}级或更低,但毒性大,许多是"三致"物质。例如,TCDD

(四氯二噁英)是一种毒性很大的化合物,允许量仅为0.01×10^{-12}(每1亿吨水中含1克),致癌量为0.1×10^{-12}。(2)难降解。这类物质很难在自然环境中降解消失,因而一旦产生污染就难以消除,会长期存留在环境中。例如,美国和加拿大分别于1970年和1972年禁止使用DDT农药,但至今仍在美国和加拿大的环境中普遍检出DDT。在环境中,DDT还可以转化为其他毒性更大的衍生物,如DDD、DDE等。(3)易转化。毒害有机物易受光和热作用而转化。例如,大气颗粒物中存在的硝基多环芳烃(NO_2-PAHs)经光解、还原、代谢后产生的某些光解产物,其毒性更大。又如,城市污水中含有的对硝基氯苯(PNCB)在自然条件下不光解,但在厌氧条件下,低浓度的PNCB可以完全转化,其主要代谢中间产物是毒性较低的PCA(对氯苯胺)。生物转化,例如,三氯乙醛在土壤中能被植物吸收后很快转化成三氯乙酸(TCA),TCA含量与作物致畸、减缓生长发育和减产程度间存在密切关系。(4)生物富集放大。毒害有机物一般属于水溶性低而脂溶性高的化合物,即在水中溶解度低且含量甚微,但可以溶于生物体,尤其在生物脂类中含量大大提高,可以富集放大几百倍、几万倍甚至更大。因此,这些毒害有机物可以通过食物链,不断富集放大,长期积累于人体而严重危害人类的健康。

自然界的有机化合物绝大部分是人类活动造成的或直接合成的。据测算,进入环境的有毒化学品有10 000多种。在环境中存在致癌、致畸和致突变的化学物质有上千种。世界卫生组织曾估计,60%~90%的癌症,是由环境中的化学因素造成的。因此,控制、防止有毒化学品的环境污染,已是全球性的重大环境问题之一。然而,由于有毒有机污染物很多,不管出于什么样的控制目的,就当前的技术水平和经济负担的能力,不可能对每一种污染物都制定标准,都限制排放,都实行控制,而只能针对性极强地从中选出一些重点污染物予以控制。即对众多污染物进行分级排序,从中筛选出潜在危险大的作为控制对象,提出一份控制名单。这一筛选过程就是数学上的优选过程,而把优先选择的有毒污染物称为环境优先污染物,简称为优先污染物(priority pollutants)。对优先污染物进行的监测称为优先监测。

优先污染物的名单与数量,因各国的经济发展和科学技术水平不同而有差别。如美国在20世纪70年代中期,在"清洁水法"中明确规定了129种优先污染物,而我国初步提出控制的是57种。苏联1985年公布了561种有机污染物在水中的极限容许浓度。在优先污染物中,有毒有机物所占的比例很大。如美国129种优先污染物中,有机污染物占114种。大量的研究表明,许多痕量有毒有机污染物,对综合指标BOD、TOC等贡献极小,但危害很大,甚至有更大的潜在威胁,这说明综合指标不能充分反映有毒有机物的污染状况。为了解有机污染物的环境效应及其在环境中的迁移、转化规律,在人体和生物体内的累积及生物效应,毒性与结构的关系,活性与结构的关系,降解的残留水平等,就必须对环境中生物体内的有机污染物进行分析测定。

1.2　环境有机污染物分析的步骤和方法

环境有机污染物分析的一般步骤通常包括采样与制样、提取与富集、分级与净化、定性与定量分析4个阶段的工作。

（1）采样与制样

这一步骤包括样品的采集与保存、样品的制备。对于采样，必须使用正确的采样方法和保存方法，才能保证分析结果的可靠性和代表性。制样是指把采集到的样品（如固体样品），用相应的方法制备成适当的形态，便于提取。

（2）提取与富集

环境样品中的有机污染物含量极低，一般在 mg/L ~ng/L 水平，有的甚至低至 pg/L，并且分散在各种基质中，要直接分析它们往往非常困难，甚至是不可能的。因此，一般都要采用各种物理或化学的方法，将有机污染物从各种环境样品中分离出来，并使有机污染物达到富集的目的，便于随后的分析，这一过程称为提取与富集。从某种意义上讲，提取与富集方法是否可行，决定测试结果的可靠性和代表性。因此，提取与富集方法的研究，是环境有机污染物分析的一个重要内容。传统的提取方法有液-液萃取、吸附、蒸馏、沉淀、索氏提取等。这些方法的主要缺点是有机溶剂使用量大、劳动强度大、周期长、易发生样品损失和沾污等。近20年来，科学家们成功研究出新的提取与富集方法，并广泛推广与应用，如固相萃取、超临界流体萃取等技术与方法。

在提取与富集有机污染物的过程中，经常使用各种有机溶剂，将有机污染物从提取的介质中洗涤下来，或提取出来。有机化合物在有机溶剂中的溶解度，取决于化合物和有机溶剂的结构与极性，它们遵循"相似相溶"的规律，即极性化合物易溶于极性溶剂，非极性化合物易溶于非极性溶剂。有机溶剂的极性可用介电常数来衡量。介电常数大，其极性也大。常用有机溶剂的介电常数（ε）如表1-1。

表1-1　常用有机溶剂的介电常数

溶剂	ε(温度/℃)	溶剂	ε(温度/℃)	溶剂	ε(温度/℃)
水	78.540(25)	二氯甲烷	9.080(25)	甲苯	2.379(25)
甲醇	32.630(25)	乙酸乙酯	6.020(25)	苯	2.284(20)
乙醇	24.300(25)	氯仿	4.806(25)	四氯化碳	2.238(20)
丙酮	20.700(25)	溴仿	4.390(25)	环己烷	2.023(20)
正丙醇	17.800(20)	乙醚	4.325(25)	正辛烷	1.948(20)
正丁醇	12.300(25)	二硫化碳	2.641(25)	正己烷	1.890(20)
吡啶	10.300(25)	呋喃	2.950(25)	正戊烷	1.844(20)
1,2-二氯乙烷	10.360(25)				

（3）分级与净化

①分级。环境中有机污染物的数目繁多、种类庞杂，各种环境样品的基质也不相同，因此样品提取液的组成也很复杂，其物理化学性质相差也很大。这里的所谓分级，是指根据有机化合物物理、化学性质，利用各种分离法把提取富集后的有机污染物分离为各种级分（如酸性、中性、碱性等）。当对环境样品做系统分析时（或称全分析），即要求了解某一样品含有多少种有机污染物

时，一般都要对样品提取液进行分级。目前的分级是依据有机化合物的酸性、碱性、中性或根据有机化合物的极性分成酸性级分、中性级分和碱性级分，或是分成弱极性级分、中等极性级分和强极性级分。有时并不是为了进行系统分析而分级，而是依据有机污染物的酸碱性质或极性大小，选择有利于提取水中某些有机污染物的条件和有机溶剂。如美国环保署阿森斯环境研究实验室的罗思·韦布用液–液萃取法，在酸性条件下用二氯甲烷萃取出11种酚类化合物；在中性和碱性条件下用相同溶剂萃取46种中性和碱性化合物；用二氯甲烷–正己烷混合溶剂在废水中萃取出26种杀虫剂和多氯联苯。

②净化。这里所说的净化，其意思是根据试样提取液中被测组分（目标成分）或其他组分的物理、化学性质，利用各种分离方法或技术，把被测组分从样品提取液中分离出来。当只要求分析环境样品中某一类有机污染物（如农药、多环芳烃）时，常采用净化这种处理方式。当待测组分从基质中提取出来时，不可避免地还有其他有机化合物，这些有机化合物有的是有机污染物，有的是从基质带入的。例如，肉食性样品提取液中有大量的脂肪，植物性样品提取液中有色素等。它们的存在会干扰或严重干扰被测组分的定性或定量分析。因此，还需采用相应的分离方法与技术，进一步将这些组分除去。

（4）定性与定量分析

在环境有机污染物分析的全部工作中，这一部分工作是取得准确分析结果的关键。样品的定性与定量分析需要解决两个问题：一是要确定所分析的环境样品中"目标成分"是否存在，或者样品中有哪些有机污染物；二是在所分析的环境样品中，"目标成分"或所含有机污染物的含量是多少。这就是定性和定量分析。要完成这两项工作，必须采用现代各种仪器分析方法和设备，如气相色谱法、高效液相色谱法、红外吸收光谱法、气相色谱–质谱联用技术、高效液相色谱–质谱联用技术等。

1.3　环境有机污染物分析的特点

由于环境样品中的有机污染物的组成复杂、含量低，因此环境有机污染物分析具有与一般有机分析不同的特点。

（1）环境有机污染物分析属于有机痕量分析

所谓痕量组分，是指在另一种材料（通常称为基质）中含量较少的组分。现在一般把含量在mg/L~μg/L的组分称为痕量组分。含量在ng/L级别及以下的称为超痕量组分。

（2）需用灵敏度高的分析方法

由于环境样品中有机污染物含量很低，一般在mg/L~ng/L范围内，有的甚至在pg/L级别，只有用高灵敏度的分析方法，才能检测出来。这里所说的高灵敏度的分析方法有两层含义：一是把目标成分（待测组分）从基质中提取、富集；二是最终的测定方法有足够的灵敏度。

（3）需用现代的分离与富集技术

环境样品中有机污染物的种类繁多，组成复杂，而且结构相近，待测组分含量低，大多数情况都必须进行有效的分离与富集后，才能进行测定。

（4）在分析的全过程中，要注意解决如样品的保存、防止"目标成分"的损失、污染等问题

环境样品，不仅组成复杂，还易发生化学、物理和生物化学等方面的变化，使样品中的组分发生变化而引起损失。样品的保存是一个十分重要的环节。目前较常用的保存方法有：①尽量减少存放时间；②加入化学试剂抑制化学反应或微生物的降解；③冷藏或冷冻。

2 环境有机污染样品采集方法

2.1 环境有机污染样品采集概述

样品的采集、贮存和前处理对于有机污染物的分析测定是极为重要的。如果样品在采集、贮存或前处理过程中,被沾污或因吸附、挥发等造成损失,往往使分析结果失去准确性,甚至得出错误的结论。环境有机污染物分析包括了样品的采集和预处理、样品分析以及分析结果的化学计量学处理等整个过程,而不仅仅局限在初期的测定样品中各种成分的含量。环境有机污染物分析工作中的误差,可能是由多种原因引起,例如:实验方法本身的误差,试剂本身不纯或是被沾污,测定过程或数据处理过程的误差等。所有这些误差现在都可以通过空白实验、标准方法、标准参考物质等来校正和控制。但是,如果是样品本身出现的问题就很难解决了。分析工作中的偶然误差,其标准偏差 S_o 与采样过程中的标准偏差 S_s 及剩下所有分析过程的标准偏差 S_a 有关。通常表达为:

$$S_o^2 = S_s^2 + S_a^2 \qquad (2-1)$$

因此,如果 S_s 足够大,而且无法控制,分析工作就失去了准确性的依据,使用再精密的仪器测定方法也无济于事,因为最终分析结果的误差不可避免。此外,样品前处理过程对分析结果的准确性影响也极大。若用 S_{ss} 来表示前处理过程的标准偏差,则整个分析过程的偏差可以表述为:

$$S_o^2 = S_s^2 + S_a^2 + S_{ss}^2 \qquad (2-2)$$

上式表明环境有机污染样品前处理和采集一样对分析的准确性具有重要的制约作用。环境有机污染物样品的采集及其前处理、分析结果的处理方法已和样品分析工作,成为分析工作的三个重要环节。如果考虑花费在这三个环节上的时间份额,采样及前处理占三个环节的40%,分析过程占20%,数据处理占40%。初看起来,这个比例似乎有夸大之嫌。但是如果把分析工作当作一个整体看待,随着仪器分析方法的进步和自动化程度的提高,样品分析的时间份额必然会降低(这里当然不包括纯分析方法研究),更多的时间则用于样品的采集、贮存及其预处理方法研究和具体操作上。对于数据处理和分析结果报告,包括科研论文的撰写等所占的时间份额更是分析工作者有切身体验的。

环境有机污染样品采集前要考虑5个方面的问题和影响因素。

第一,采样之前要根据样品测试的总体要求选定采样区域。要求综合考虑采样区域的历史演变、地理情况、工农业污染现状等因素。如果选定一条河流作为采样区域,应该对其污染历史,周围的化肥、农药及其他化工产品生产有所了解,还要了解流域的工农业生产情况,特别是农药的使用或有毒化学品在工业生产中的使用情况,交通情况、污染物排放情况等。要特别重视和利用已有资料。在综合分析的前提下,确定采样点的分布。

第二,采样之前要根据所要测的有机污染物来确定样品的种类。样品的种类主要包括气体、液体、固体和生物样品几大类。气体样品包括大气中的微量气体成分、气溶胶、大气颗粒物、飘尘、沙尘、挥发性金属化合物等。液体样品主要包括海水、河水、天然水、矿泉水、地下水、自来水、污水、雨雪水、饮料、酒类、奶类、酱油、醋、汽油、洗涤剂、食用油等。固体样品主要包括土壤和沉积物、矿物质,与人类活动有关的日常生活废弃物,如食品、污泥、灰尘、废旧材料等。生物样品包括广泛的陆生及水生动植物,其中和人体有关的样品包括体液、汗液、血液、血清、尿液、胆汁、胃液等。固体生物样品包括肌肉、骨头、头发、指甲、肾、肝等。

第三,要考虑样品的大致浓度范围。有机污染物在各种样品中的分布差别是很大的。采样前,应大致了解所测样品的浓度范围,以做到有的放矢,采集合适的样品体积与数量。例如,二噁英、多氯联苯(PCBs)、多环芳烃(PAHs)等有机污染物和壬基酚、双酚 A 等环境内分泌干扰物在一般无污染河水、海水和自然界其他水源中的含量是很低的,需要通过大量水样(有时需要几十升)的富集来完成一次测定,如一般河水中壬基酚的测定每次需要水样 300~500 mL。

第四,要考虑基体的种类及其均匀程度。对于非均匀质的环境样品,如固体废弃样品和活水排放源附近水域样品等的采集,首先要选择合适的具有代表性的地点,要使用卫星定位系统,确定采样地点的经纬度,以便下次或多次重复采样或长期观察。要根据测定工作的需要,确定典型代表物的样品数量和单个样品的体积大小,还要考虑采样的频率,如均匀排放的污水样品,可以定期采样;而对于不定期排放的污水,则应区分排放期和非排放期的差别。对于生物样品,如血液、尿液等要根据不同的样品分析要求确定采样所用的容器、时间、频率和体积。

第五,要考虑所用分析方法的特殊要求。根据测定任务的要求和实际需要选择分析仪器和方法。但任何分析方法都不是万能的,因此采样前就要充分考虑所用分析方法的特点来有选择性地采集不同的样品种类。如果所选环境样品需要经过衍生后测定,特别是通过液相色谱或气相色谱分离后进行测定的,样品的基体没有什么干扰,适用于广泛的样品种类和大量的样品体积。

此外,一些外部因素,如风向、河水流向、温度、光照、酸度、微生物作用等也应予以考虑。例如,在光的照射下,三烷基锡化合物容易降解为二烷基化合物。温度及其引起的微生物活动变化对许多化合物的稳定性有影响,如容易引起一些化合物的生物降解。样品的 pH 值会极大地影响金属离子的氧化/还原比例;低 pH 值时,样品中易含有更多的自由离子。对于多数水样,需要调节为酸性介质以避免水解反应的发生。

采样时应根据不同样品选择采样器皿。采样前要做好充分准备,要提前熟悉所采区域的地理环境、天气情况,熟悉采水器、底泥采样的抓斗、土柱采样装置、大气颗粒物采集装置等的使用方法,以便节省采样时间。

2.2 土壤样品的采集方法

土壤样品的采集是土壤分析工作中一个最重要、最关键的环节,它是关系到分析结果是否准确的一个先决条件,特别是耕作土壤,由于差异较大,若采样不当,所产生的误差(采样误差)远比土壤称样分析发生的误差大,因此,要使所取的少量土壤能代表一定土地面积土壤的实际情况,就得按一定的规定采集有代表性的土壤样品。如何采样,这要根据分析的目的、要求来决定采样的方法。

2.2.1 土壤样品的采集方法

(1)采样原则

①按照等量、随机和多点混合的原则。

a.等量,即要求每一点采集土壤深度一致,采样量一致(1 kg左右)。

b.随机,即每一个采样点都是任意选取的,尽量排除人为因素,使采样单元内所有点都有同等机会被采到。

c.多点混合,即把一个采样单元内各点所采集的土壤样品均匀混合构成一个混合样品,以提高样品的代表性。

②污染地区布点应密集,根据土壤污染发生原因考虑布点。

a.固体废物污染引起的土壤污染,布点以污染源为中心,根据主导风向、地表水径流方向等因素来确定布点。

b.污水或被污水污染的河水灌溉农田引起的土壤污染,采样点以水流方向带状布点,采样点自纳污口起由密渐疏。

c.农用化学物(化肥、农药)引起的土壤污染,均匀布点。

d.综合性污染,采用综合放射状、均匀、带状布点法。

(2)采集方法

要使样品真正有代表性,首先要正确划定采样区,找出采样点。划采样区(采样单元或采样单位)应根据土壤类别、地形部位、排水情况、耕作措施、种植栽培情况、施肥等的不同来决定。每一个采样区内,再根据田块面积的大小及被测成分的变异系数,来确定采样点的多少。当然,取的点越多,代表性越强,但它会造成工作量的增多,因此一般人为地定为5~10、10~20点或根据计算应取多少点。

①试验田土壤样品的采集。

一般试验小区为一采样区。

②大田(旱地)土壤样品的采集。

在进行土壤养分状况的调查时,一般是根据土壤类别、地形、排水、耕作、施肥等不同来划分采样区;也有的是根据土壤肥力情况按上、中、下来划分采样区。

③水田土壤样品的采集。

它和大田土壤样品的采集基本一致。

④采样点的布置。

在采集多点组成的混合样品时,采样点的分布要尽量做到均匀和随机。均匀分布可以起到控制整个采样范围的作用:随机定点可以避免主观误差,提高样品的代表性,布点以锯齿形或蛇形(S形)较好,直线布点或梅花形布点容易产生系统误差,因为耕作、施肥等农业技术措施一般都是顺着一定方向进行的,如果土壤采样与农业操作的方向一致,则采样点落在同一方向的可能性很大,易使混合土样的代表性降低。

⑤采样注意事项。

采样的深度是根据我们的要求而决定的。采集耕作层时,深度一般取0~15 cm或0~20 cm,其具体方法是在布置好的取样点上,先将表层0~3 mm的表土刮去,然后再用小铁铲斜向或垂直按要求深度切取一片片的土壤。各点所取的深度、土铲斜度、上下层厚度和数量都要求大致相等。将各点所取的土壤在塑料布或木盘中混匀,去除枯枝落叶、草根、虫壳、石砾等杂质,然后按四分法取其适量(1 kg)的土壤装入封口袋中,用记号笔写好标签,在标签上记好田号、采样地点、深度、日期和采样人,同时在记录本上详细记载当季作物、施肥及作物生长等情况。

选取的采样点,必须具有代表性。因此,就得避免在田边、地角、路旁、堆肥等没有代表性的地方设点取样。

⑥采样时间。

土壤的化学性质、有效养分的含量,不仅随土壤垂直方向和土壤表面延伸的方向不同而有所不同,而且随季节、时间的改变也有很大的变化,特别是温度和水分的影响,如冬季土壤中有效磷钾往往增高。另外,由于一天当中,早、中、晚太阳辐射热的影响的不同,土壤胶体活化强度有所不同,而导致土壤中污染物含量的变化。

2.2.2 土壤样品的采集工具

进行土壤有机污染物采集时,一般常用以下三种取土工具。

(1)小型铁铲

根据采样深度,利用小型铁铲采取上下一致均匀的土片,将各点大致相等的土片混合成一个混合样品。小型铁铲的适用性较强,除淹水土外,可适合任何条件下样品的采集,特别是混合样品的采集。

(2)管形土钻

管形土钻下部为一圆柱形开口钢管,上部系柄架。将土钻钻入土中一定土层深度处,采得一个均匀的土柱。管形土钻取土迅速、混杂少,但它不适用于砾质土壤、干硬的黏重土壤或砂性较重的砂土。

(3)普通土钻

普通土钻使用方便,能取较深层的土壤,但需土壤较湿润,对较砂的土壤不适用。它取出的土壤易混杂,对有机质和有效养分的分析结果,往往低于用其他工具所取的土壤,其原因是表土易掉落。

2.3 水样的采集方法

2.3.1 水样采集

环境样品测定中采集最多的就是水样。环境水样可分为自然水（雨雪水、河流水、湖泊水、海水等）、工业废水及生活污水。自然界中的水含有多种复杂的成分，包括有机胶体、细菌、藻类，以及无机固体（包括金属氧化物、氢氧化物、碳酸盐和黏土等），而其中有机污染物的含量往往是很低的。采集的各种水样必须具有代表性。

（1）采集位点

工业污水中有毒化合物较多，而生活污水中有机质、营养盐等成分居多。采样时应尽可能考虑全部影响因素，包括人为的和客观环境的影响因素以及这些因素可能的变化情况。主要包括以下几个因素：①测定内容，即测定化合物的类别；②样品的大致浓度范围；③基体的种类及其均匀程度；④所用分析方法的特殊要求。影响水样性质的物理过程有：逸气、光化降解、沉淀、悬浮物损坏、沉积物和悬浮物的扰动等。影响采集水样的性质的化学过程主要有：化学降解、分析物再分布、解吸与吸附、沾污。采样时避免采样设备、船甲板或排污水的沾污。

自然界中有机污染物的含量与水样的深度、盐度及排放源有关。采集前对于样品的用途应该有清楚的了解，假若是测定一条河中某种元素或污染物长期的变化规律，一定要选取在固定间隔期间内可以重复采样的地点。

采集的各种水样必须具有代表性，能反映水质特征。河口和港湾监测断面布设前，应查河流流量、污染物的种类、点或非点污染源、直接排污口污染物的排放类型及其他影响水质均匀程度的因素。监测断面的布设应有代表性，能较真实地全面反映水质及污染物的空间分布和变化规律。对于使用管道或水渠排放的水样的采集，首先必须考虑通过实验确定污染物分布的均匀性，应该避免从边缘、表面或地面等地方采样，因为通常这些部位的样品不具备代表性。河流天然水化学成分的水样，一般在水文站测流断面中泓水面下 0.2~0.5 m 采取，断面开阔时应当增加采样点。岸边采样点须设在水流通畅处。入海河口区的采样断面一般与径流扩散方向垂直布设。港湾采样断面（站位）视地形、潮汐、航道和监测对象等情况布设。在潮流复杂区域，采样断面可与岸线垂直设置。海岸开阔海区的采样站位呈纵横断面网格状布设。必要时还可根据不同的物理水文特征和采样要求在不同深度分层取样，一般可分为表层、10 m 层和底层。

（2）采样要求

水样采集一般应使用专用采样器，以保证从规定的水深采集代表性水样。

①表面水样的采集，必须考虑将聚乙烯瓶插入水面以下，避开水表面膜并戴上聚乙烯手套，表面水样可以用聚乙烯水桶采集。测定海水中金属元素或有机污染物时，必须更加小心注意采样器具的清洁问题。用船来采集水样，必须考虑来自船体自身的沾污、采样器材本身的沾污，不管是大船还是小舟。

②对于深水采样，目前采用的器皿大多由聚乙烯、聚丙烯、聚四氟乙烯、有机玻璃（甲基丙烯酸甲酯）等加工而成，避免使用胶皮绳、铁丝绳等含有胶皮或金属的材料，避免铁锈或油脂等的沾污。

③采集雨水和雪样时,如果是沉积物,可用大体积取样器同时收集湿的和干的沉积物。如果采集湿样,只能在下雨或下雪时采集。对于高山和极地雪的采集,必须用洁净的聚乙烯容器,操作者戴洁净手套,在逆风处采样。采样时先用塑料铲刮出一个深度约30 cm的斜坡,用大约1 000 mL的聚乙烯瓶横向采集离地面15~30 cm的雪样,采集后立即封盖并冷藏处理直到样品分析。

(3)采样频率

采样时间和频率的确定原则是:以最小工作量满足反映环境信息所需的资料,能够真实地反映出环境要素的变化特征,尽量考虑采样时间的连续性、技术上的可行性和可能性。对于天然水样,大多采用定时采集的方法。为了反映水质的全貌,必须在不同的地点和时间间隔重复取样。采集的频率必须足够大以反映水样随季节的变化。通常采用两周一次或一月两次。在确知一些排放源排放时间时,采样也可随此变化。另外,在有多种排放源存在的情况下,采自不同的横断面或不同深度的样品都会有很大差别。自动采集装置主要用于高采样密度和长期连续不断采样的需求。连续测定参数主要包括pH值和电导率等。

2.3.2 水样的预处理

除非将采到的水样马上进行分析,否则在水样贮存以前必须进行适当的预处理。预处理主要依据被测水样的不同要求而异。通常对于微量元素或有机分析,首先必须通过过滤或者离心将水样中的颗粒物质除去(如果测定颗粒物中的污染物成分,则需收集这部分样品),然后加入保护剂。水样盛放在没有污染的容器内,并贮存在合适的温度下,以防止有效成分的损失、降解或形态变化。

利用0.45 μm的微孔膜可以方便地区分开溶解物和颗粒物,通过滤膜的过滤液中还可能含有0.001~0.1 μm的微生物和细菌的胶粒以及小于0.001 μm的溶解于水中的组分。0.45 μm的滤膜可以滤出所有的浮游植物和绝大多数的细菌。连续的过滤有时可能造成滤膜的堵塞,这时一般需要更换新膜或是采用加压过滤。

使用过滤仪器,应该注意仪器与溶液相接触部分的材料,如硼硅玻璃、普通玻璃、聚四氟乙烯等,同时也要考虑过滤器的类型,如真空还是加压。玻璃过滤器使用橡胶塞子容易造成沾污。一般选择使用硼硅玻璃的真空抽滤系统。

2.3.3 水样的贮存

水样中有机污染物采样瓶要用玻璃瓶,聚四氟乙烯内衬盖子。采样前,样品瓶要清洗干净,避免带来外来干扰物。样品瓶清洗可采用如下方法:用浓硫酸、重铬酸钾洗液浸泡样品瓶24 h,然后依次用自来水、超纯水清洗干净,最后在烘箱中于180 ℃条件下烘4 h后,放在清洁处备用。通过0.45 μm滤膜过滤的水样在室温下贮存时,几天后发现有颗粒物重新出现,大多数的颗粒物的直径大于4 μm。研究结果表明,颗粒物的出现与细菌的生长及聚集有关。在4 ℃时贮存样品,细菌活性大大降低。

2.4 沉积物样品的采集方法

2.4.1 沉积物样品采集

水中沉积物采集的方法主要有两种：一种是直接挖掘。这种方法适用于大量样品的采集，但是采集的样品极易相互混淆；当挖掘机打开时，一些不黏的泥土组分容易流走。另一种是用一种类似于岩心提取器一样的采集装置。这种方法采样量较大而样品不相互混淆，这种装置采集的样品，同时也可以反映沉积物不同深度层面的情况。这种装置外形是圆筒状，高约50 cm，直径约5 cm，底部略微倾斜，以便在水底易于用手插进泥土或使用锤子敲于泥土内。取样时底部采用聚乙烯盖子封住。

对于深水采样，需要能在船上操作的机动提取装置。倒出来的沉积物，可以分层装入聚乙烯瓶中贮存。离心分离被广泛用于采集沉积物间隙中的水样，它具有样品操作简单的优点。沉积物可以直接放入聚乙烯离心管中。对于一些很细的泥土样品，通常水被分离而处于沉积物的上面。而对于一些粗的样品，如粗沙等，水则处于样品的下面，需要收集底部的水样。这较困难，有时需要将收集的水样过滤，因而可能引入新的沾污问题。

2.4.2 沉积物的预处理和贮存

由于沉积物的颗粒通常大小不一，因而一般先进行初步的物理分离，以分出岩石的碎片等大块物质。在土壤科学中，一般选择20 μm的颗粒体积，认为小于20 μm的组分可以较好地代表微量元素的分布。而粗的淤泥颗粒（20~63 μm）和沙子（大于63 μm）则不包括在内。可以用63 μm的膜来过滤样品。

湿的沉积物样品可以贮存在玻璃容器里，样品最好在4 ℃保存或冷冻贮存。沉积物样品干燥最好用冷冻干燥法。

2.5 大气样品的采集方法

2.5.1 大气颗粒物采集

大气颗粒物主要包括降尘、总悬浮颗粒物和飘尘三类，其采样方法各不相同。

（1）降尘的采集

降尘指大气中粒径大于10 μm的固体颗粒。降尘采样分短期（连续1周）采样和长期（连续1个月）采样。短期采样用培养皿或铝薄板。长期采样用集尘罐，它是一个直径大于15 cm，高度为30~40 cm的玻璃、塑料或不锈钢圆筒。筒内装有滤膜（干法）或吸收溶液（湿法）。采样时把集尘罐放在1.5 m高的支架上,置于离地5~15 m高处,以收集降尘。采集大气中降尘的方法有湿法和干法两种,其中湿法应用较广泛。

①湿法采样一般使用集尘缸,集尘缸为圆筒形玻璃(或塑料、瓷、不锈钢)缸。采样时在缸中加一定量的水,放置在距地面5~15 m处,附近无高大建筑物及局部污染源,采样口距基础面1.5 m以上,以避免扬尘的影响。集尘缸内加水1 500~3 000 mL,夏季需要加入少量硫酸铜溶液,抑制微生物及藻类的生长,冰冻季节需加入适量的乙醇或乙二醇作为防冻剂。采样时间为(30±2)d,多雨季节注意及时更换集尘缸,防止水满溢出。

②干法采样使用标准集尘器,夏季需加除藻剂。

(2)总悬浮颗粒物的采集

用标准大容量颗粒采样器(流量为1.1~1.7 m³/min)或中流量采样器(流量为0.05~0.15 m³/min)在滤膜上所收集到的颗粒物的总量称为总悬浮颗粒物。其粒径大小,绝大多数在10 μm以下。总悬浮颗粒物是分散在大气中的各种粒子的总称,也是目前大气质量评价中的一个通用的重要污染物指标。采样时采集器被放置在具有三角形盖子的方形金属筒中,玻璃纤维编织的滤纸上收集总悬浮颗粒物的总量最好在2~70 μg/m³。

(3)飘尘的采集

飘尘指大气中粒径小于10 μm的颗粒物,它能在大气中长期悬浮而不沉降,并能随呼吸进入人体。飘尘通常使用带有10 μm以上的颗粒物切割器的大容量采集器来采集,一次采样时间一般为24 h。

2.5.2 气体(气态、蒸气污染物及雾态气溶胶)采样

(1)直接采样法

用容器(玻璃瓶、塑料袋、橡皮球胆、注射器等)直接采集含有污染物的空气。这类方法适用于大气中污染物浓度较高,且不易被固体吸附剂或液体吸收剂所吸附的气体。用此法测得的结果为大气中污染物的瞬时浓度或短时间内的平均浓度。

(2)富集采样法

使大量空气通过固体吸附剂或液体吸收剂,以吸收阻留污染物,把原来大气中浓度较低的污染物富集起来。这类方法测得的结果是采样时间内的平均浓度。按富集方法不同可分为固体吸附法和溶液吸收法。

①固体吸附法。一些气体、液体或液体中溶解质吸附在固体物质的表面,属于这类固体物质的有活性炭、硅胶、活性铝土和分子筛等。该法适宜于采集挥发性气体。

②溶液吸收法。它是使空气样品以气泡形式通过溶液,以增加接触面积,采样效率由气泡大小、气泡通过溶液的时间或样品通过溶液的流量、溶液浓度、反应速率来决定。一般吸收液浓度大、气泡小、气泡通过溶液时间长都能使气体与溶液充分反应,提高采样效率。

2.5.3 大气样品采样的布设

(1)常规监测的布点

①功能分区布点:一个城市或一个区域可以按功能分为工业区、居民区、交通稠密区、商业繁

华区、文化区、清洁区、对照区等。一般多数点布设在工业区,其次是交通稠密区,对照区至少设1~2个点,其他区可根据实际情况确定。功能分区布点便于分析污染原因与环境质量的关系。

②方格坐标平均布点:这种布点适宜于平原城市或区域大气污染调查。每个方格为正方形,可先在地图上均匀描绘。实地面积视所测区域的大小和调查精度而定,一般为1~9 km²设1个方格,采样点在方格中央,也可设在方格的角上。

常规监测的采样点一旦定下来后,就要相对稳定,一般不再改变地点。如要更换原来样点,一定要有足够的对照实验,以求得新、老点之间的显著性差异及相关系数,确保资料的可比性。

(2)污染源监测的布点

污染源监测的布点一般有同心圆布点、扇形布点和叶脉布点。同心圆布点是以污染源为原点,在呈小于45°夹角的射线上采样。扇形布点是以污染源为顶点,在污染源下风方向半圆内划分小于30°夹角的射线上布点,上风向设对照点。叶脉形布点要严格选择主导风向与主方向一致,并在污染源上风向布设1~2个对照点。

2.5.4 大气样品的保存

大气采样后,一般要求立即分析,否则应将样品收入4 ℃的冰箱中保存。对吸收在采样管中的富集样品,封闭管口,在长时期内成分可保持不变。如用活性炭采集空气中苯蒸气,2个月内含量稳定不变。近年来,此法已被视为标准管气体样品的制备、保存和传递的有效方法。

2.6   生物样品的采集及预处理

2.6.1 生物样品采集

生物样品涉及复杂的基体,这些基体既有固态的也有液态的,包括所有的水生或陆生动、植物。形态分析有时针对整个生物体,有时是其中的一部分器官或组分,有时则只测定排泄物。在环境分析中,生物样品主要包括鱼类、果壳类、海藻类、草本植物、果实、蔬菜、叶子及其动植物样品。

生物样品的采集关键在于防止样品的沾污。处理样品时,不要直接用手接触,而应戴塑料手套,带粉末的如滑石粉等应注意冲洗干净。

2.6.2 生物样品处理及贮存

对许多生物样品,需要进行最初的预处理。这种预处理应该在采样后立即进行。例如,在分析贝壳类样品中的微量元素时,需要将贝壳外层的沉积物清洗干净,然后开壳,采集整个贝肉或个别部位。同样,水生植物如海藻等亦需要仔细清洗以除去沉积物、寄生植物,或其他类似的表面沾污。必须注意样品的代表性。微量元素往往在一些特殊的部位有更高的浓度,如植物根和叶子等,而且植物的大小与浓度也有关系,如果分析单个样品时,这些特点采样时就应注意。上述样品采集后,如果不马上进行分析,应该将样品存放于玻璃容器中冷藏保存,处理上述样品时应戴聚乙烯手套。

3 环境有机污染物前处理技术

环境中有机污染物的分析大都涉及 10^{-12}~10^{-9} 水平的痕量检测，同时又必须适应不同基体和大量共存物等复杂因素，是一项复杂系统的痕量分析课题。在早期，人们把注意力集中于发展高灵敏度、高选择性的色谱分析方法。随着仪器水平和分析技术的不断提高，环境有机污染物样品的前处理技术已成为整个分析过程中不可忽略的一个环节，而且往往还是影响分析成败的关键。本章将对当前主要的环境有机污染物前处理技术做一介绍。

3.1 液-液萃取

液-液萃取(Liquid-Liquid Extraction，LLE)也叫溶剂萃取，是利用液体混合物中各组分溶解度的差异而分离该混合物的操作。利用液体混合物中各组分在外加溶剂中溶解度的差异，而达到混合物分离的目的，外加溶剂称为萃取剂。萃取属于传质过程。通常所用的液-液萃取体系一相是水，另一相是一种合适的有机溶剂。利用与水不相溶的有机溶剂同试液一起振荡，一些组分进入有机相，另一些组分仍留在水相中，从而达到分离的目的。

3.1.1 分配定律

分配定律是描述物质在两种实质上互不相溶的溶剂中分配的一般原理。其定义为，如果溶质在有机相和水相中具有同样的分子量，则在一定温度下，溶质在两个互不相溶的溶剂中的分配达到平衡时，两相溶质浓度之比为一常数。这一常数称为分配系数，用 K_P 表示。

当仅有某一溶质A同时溶于两种不相溶的溶剂时(水，有机相)，如果A在两相间分配的平衡浓度分别为 C_w，C_{org}，根据分配定律，C_w，C_{org} 之间的关系可用如下方程式表示。

$$C_w \leftrightarrow C_{org}$$
$$K_P = \frac{C_{org}}{C_w} \tag{3-1}$$

该方程式的适用条件是：(1)溶质的浓度较低。否则，必须考虑离子强度的影响。式中溶质的浓度需以活度来表示。(2)溶质在两相中的化学形态相同。不发生进一步缔合、溶解等副反应。在较简单的情况下，K_P 近似等于溶质在两相中的溶解度之比。

3.1.2 分配比

由于待萃取的组分往往在两相中(或者在某一相中)存在副反应，例如水相中可能发生离解、络合等作用,有机相中可能发生聚合作用等,不满足分配定律的适用条件。因此采用一个新的参数——分配比来描述溶质在两相中的分配。分配比的定义为:溶质在有机相中的各种存在形态的总浓度C_{org}与水相中各种形态的总浓度C_w之比,用P表示。

$$P = \frac{C_{org}}{C_w} \tag{3-2}$$

P值愈大,表示被萃取物质转入有机相的数量越多(当两相体积相等时),萃取就越完全。在萃取分离中,一般要求分配比在10以上。

3.1.3 萃取百分率

萃取百分率用来定量描述萃取的完全程度。其定义为:被萃取物质在有机相中的总量,与被萃取物质总量的百分比,用E表示。

$$E = \frac{被萃取物质在有机相中总量}{被萃取物质总量} \times 100\% \tag{3-3}$$

E与分配比的关系为

$$E = \frac{C_{org}V_{org}}{C_{org}V_{org} + C_w V_w} \times 100\%$$

$$= \frac{\dfrac{C_{org}V_{org}}{C_w V_{org}}}{\dfrac{C_{org}V_{org} + C_w V_w}{C_w V_{org}}} \times 100\%$$

$$= \frac{\dfrac{C_{org}}{C_w}}{\dfrac{C_{org}}{C_w} + \dfrac{V_w}{V_{org}}} \times 100\%$$

$$= \frac{P}{P + \dfrac{V_w}{V_{org}}} \times 100\%$$

当用等体积($V_w = V_{org}$)萃取时

$$E = \frac{P}{1 + P} \times 100\% \tag{3-4}$$

若要求E大于90%,则P必须大于9。另外增加萃取次数,可以提高萃取效率。

3.1.4 分离系数

用萃取法分离两种物质时,分离系数用来表示它们的分离效果。其定义为:两种溶质在有机相和水相中分配比之比,用β来表示。

如果在同一体系中有两种溶质 A 和 B,它们的分配比分别为P_A和P_B,分离系数即可用下式表达:

$$\beta = \frac{\dfrac{C_{Aorg}}{C_{Aw}}}{\dfrac{C_{Borg}}{C_{Bw}}} = \frac{\dfrac{C_{Aorg}}{C_{Borg}}}{\dfrac{C_{Aw}}{C_{Bw}}} \tag{3-5}$$

β 越大,表示分离得越完全,即萃取的选择性越高。在痕量组分的分离富集中,希望 β 越大越好;同时,P_A 不要太小,因为若 P_A 太小,意味着需要大量的有机溶剂才能把显著量的物质萃取到有机相中。

3.1.5 液–液萃取操作步骤及注意事项

第一,选择容积较液体体积大一倍以上的分液漏斗,配备聚四氟乙烯或玻璃连接接头和无须润滑的旋塞。

第二,检查分液漏斗的顶塞与活塞处是否渗漏(用水检验),确认不漏水方可使用,将其放置并固定在铁架上的铁圈中,关好活塞。

第三,将被萃取液和萃取剂(一般为其萃取液体积的1/3)依次从上口倒入漏斗中,塞紧顶塞(顶塞不能涂润滑脂)。

第四,取下分液漏斗,用右手手掌顶住漏斗顶塞并握住漏斗颈,左手握住漏斗活塞处,大拇指压紧活塞,把分液漏斗口略朝下倾斜并前后振荡。开始振荡要慢,振荡后,使漏斗口仍保持原倾斜状态,下部支管口指向无人处,左手仍握在活塞支管处,用拇指和食指旋开活塞,释放出漏斗内的蒸气或产生的气体,使内外压力平衡,此操作也称"放气"。如此重复放气至只有很小压力后,再剧烈振荡2~3 min,然后再将漏斗放回铁圈中静置。

第五,待两层液体完全分开后,打开顶塞,再将活塞缓缓旋开,下层液体自活塞放出至接收瓶。

若萃取剂的密度小于被萃取液的密度,下层液体尽可能放干净,有时两相间可能出现一些絮状物,也应同时放去;然后将上层液体从分液漏斗的上口倒入三角瓶中,切不可从活塞放出,以免被残留的萃取液污染。再将下层液体倒回分液漏斗中,再用新的萃取剂萃取,重复上述操作,萃取次数一般为3~5次。

若萃取剂的密度大于被萃取液的密度,下层液体从活塞放入三角瓶中,但不要将两相间可能出现的一些絮状物放出;再从漏斗口加入新萃取剂,重复上述操作,萃取次数一般为3~5次。

第六,将所有的萃取液合并,加入过量的干燥剂干燥。

第七,蒸去溶剂,根据化合物的性质利用蒸馏、重结晶等方法纯化。

3.2 固相萃取

固相萃取(Solid Phase Extraction, SPE)由液固萃取和柱液相色谱技术相结合发展而来,它的广泛应用起始于1978年,是一种填充固定相的短色谱柱,用以浓缩被测组分或除去干扰物质。

固相萃取是一个柱色谱分离过程,分离机理、固定相和溶剂的选择等方面与液相色谱有许多相似之处。但是,固相萃取柱的填料粒径(>40 μm)要比液相色谱填料粒径(3~10 μm)大。由于短的柱床和大的填料粒径,其柱效就很低,一般只能获得10~50塔板,分离效率较低的固相萃取技术主要应用于处理试样。固相萃取所要达到的目的是:①从试样中除去对以后分析有干扰的物质;②富集痕量组分,提高分析灵敏度;③变换试样溶剂,使之与分析方法相匹配;④原位衍生;⑤试样脱盐;⑥便于试样的储存和运送。其中主要的作用是富集和净化。

3.2.1 固相萃取的基本原理

固相萃取的原理基本上与液相色谱分离过程相仿,是一种吸附剂萃取,主要适用于液体样品的处理。当试样通过合适的固定相时,被测组分由于与固定相作用力较强被吸附留在柱上,并因吸附作用力的不同而彼此分离,样品基质及其他成分与固定相作用力较弱而随水流出萃取柱。被萃取的组分,用少量的选择性溶剂洗脱,因此,它不仅用于"清洗"样品,除去干扰成分,而且可以使组分分级,达到浓缩或纯化的作用。

3.2.2 固相萃取的装置

固相萃取装置分为柱型和盘型两种,其构型如图3-1所示。

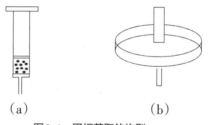

（a）　　　　　　（b）

图3-1　固相萃取的构型

（1）柱型

其结构如图3-1(a)所示。容积为1~6 mL的柱体通常是医用级聚丙烯管,在两片聚乙烯筛板之间填装0.1~2 g吸附剂。

固相萃取中使用最多的吸附剂是C_{18}。该种吸附剂疏水性强,在水相中对大多数有机物都有保留。此外,也经常使用其他具有不同选择性和保留性质的吸附剂,如C_8、氰基、苯基、双醇基填料、活性炭、硅胶、氧化铝、硅酸镁、高分子聚合物、离子交换树脂、排阻色谱吸附剂、亲和色谱吸附剂等。表3-1列出固相萃取使用的部分吸附剂及相关应用,表3-2列出常用的洗脱溶剂。

基于对纯度的考虑,一般选用医用聚丙烯作为柱体材料。也可选用玻璃、纯聚四氟乙烯(PTFE)作为柱体材料。

表3-1　固相萃取使用的不同类型吸附剂及相关应用

名称	洗脱强度[①]	极性[②]	名称	洗脱强度	极性
乙酸	>0.73	6.2	丙酮	0.43	5.40
水	>0.73	10.2	四氢呋喃	0.35	4.20
甲醇	0.73	6.6	二氯甲烷	0.32	3.40
2-丙醇	0.63	4.3	氯仿	0.31	4.40
20%甲醇+80%二氯甲烷	0.63	—	乙醚	0.29	2.90
20%甲醇+80%乙醚	0.65	—	苯	0.27	3.00
20%甲醇+80%乙腈	0.67	—	甲苯	0.22	2.40
吡啶	0.55	5.30	四氯化碳	0.14	1.60
异丁醇	0.54	3.00	环己烷	0.03	0
乙腈	0.50	6.20	戊烷	0	0
乙酸乙酯	0.45	4.30	正己烷	0	0.06

①洗脱强度,指在硅胶柱上溶剂的洗脱强度。

②极性,指溶剂与质子供体、质子受体或偶极子相互作用大小。

表3-2　固相萃取常用的洗脱溶剂

吸附剂	分离机理	洗脱溶剂	分析物的性质	环境分析中应用
键合了硅胶的C_{18}和C_8	反相	有机溶剂	非极性和弱极性	芳烃类、多环芳烃类、多氯联苯类、有机磷和有机氯农药、烷基苯类、多氯苯酚类、邻苯二甲酸酯类、多氯苯胺类、非极性除潮剂、脂肪酸类、氨基偶氮苯、氨基蒽醌
多孔苯乙烯-二乙烯基苯共聚物	反相	有机溶剂	非极性到中等极性	苯酚、氯代苯酚、苯胺、氯代苯胺、中等极性的除草剂(三嗪类、本磺酰脲类、苯氧酸类)
石墨	反相	有机溶剂	非极性到相当极性	醇类、硝基苯酚类、相当大极性的除草剂
离子交换树脂	离子交换	一定pH值的水溶液	阴阳离子型有机物	苯酚、次氮基三乙酸、苯胺和极性衍生物、邻苯二甲酸类
金属配合物	配体交换	配位的水溶液	金属配合物特性	苯胺衍生物、氨基酸类、2-巯基苯并咪唑、羧酸类

筛板材料是另一可能的杂质来源,制作筛板的材料有聚丙烯、PTFE、不锈钢和钛。金属筛板不含有机杂质,但易受酸的腐蚀。

为了避免从柱体、筛板、吸附剂、洗脱溶剂可能引入杂质而影响分析结果,试验时应平行做空白试验。

为了加速样品溶液流过,可以接真空系统。为了提高效率,可将多个同样或不同样品的固相萃取柱置于一个架子上,下接好相应的容器,再一并装入箱中,箱子再与真空系统连接。这样就可以同时进行多个固相萃取柱处理。

固相萃取柱使用简便,应用范围广。但在实际应用中仍存在如下的一些问题。①由于柱径较小,使流速受到限制。通常只能在1~10 mL/min范围内使用。当需要处理大量水样时,则需要较长的时间。②采用40 μm左右的固定相填料,若采用较大的流速会产生动力效应,妨碍了某些组分被有效地收集。③相对较脏的样品,如各种污水、含生物样品及悬浮颗粒物的水样,很容易将柱堵塞,增加样品处理时间。④40 μm颗粒的填充柱,容易造成填充不均匀,出现缝隙,降低柱效。为克服这些缺点,出现了固相萃取盘状结构。

（2）盘型

盘式萃取器是含有填料的PTFE圆片或载有填料的玻璃纤维片,后者较坚固,无须支撑,盘式萃取器见图3-1（b）。填料约占固相萃取盘总量的60%~90%,盘的厚度约1 mm。由于填料颗粒紧密地嵌在盘片内,在萃取时无沟流形成。固相萃取柱和盘式萃取的主要区别在于床厚度/直径（L/d）比,对于等重的填料,盘式萃取的截面积比柱约大10倍,因而允许液体试样以较高的流量通过。固相萃取盘的这个特点适合从水中富集痕量的有机污染物。1 L纯净的地表水通过直径为50 mm的固相萃取盘仅需15~20 min。

目前,盘状固相萃取剂可分为三大类:①由聚四氟乙烯网络包含了化学键合的硅胶或高聚物颗粒填料。由美国3M和Bio-Rad Laboratories公司生产。其中填料含量占90%,聚四氟乙烯只有10%。②由聚氯乙烯网络包含于带离子交换基团或其他亲和基团的硅胶,如FMC公司生产的Anti-Disk,Anti-Mode和Kontes生产的Fastchrom膜。③衍生化膜。它不同于前两种,固定相并非包含在膜中,而是膜本身经化学反应键合了各种功能团。如二乙胺基、乙烯基、季铵基、磺酸丙基等。上述三类膜中只有聚四氟乙烯网络状介质与普通固相萃取柱相仿,用于萃取金属离子及各种有机物,后两类主要用于富集生物大分子。

3.2.3 固相萃取方法的建立

市场上可以买到各种构型的固相萃取。操作步骤包括柱预处理、加样、洗去干扰物和回收分析物四个步骤。在加样和洗去干扰物步骤中,部分分析物有可能穿透了固相萃取柱造成损失,而在回收分析物步骤中,分析物可能不会被完全洗脱,仍有部分残留在柱上。这些应尽可能地避免。

（1）柱预处理

以反相C_{18}固相萃取柱的预处理为例,先使数毫升的甲醇通过萃取柱,再用水或缓冲液顶替滞留在柱中的甲醇。柱预处理的目的是除去填料中可能存在的杂质。另一个目的是使填料溶剂化,提高固相萃取的重现性。填料未经预处理,能引起溶质过早穿透,影响回收率。

（2）加样

预处理后，试样溶液被加至并通过固相萃取柱。其间，分析物被保留在吸附剂上。为了防止分析物的流失，试样溶剂强度不宜过高。当以反相机理萃取时，以水或缓冲剂作为溶剂，其有机溶剂量不超过10%（V/V）。为了克服加样过程中分析物的流失，可以采用弱溶剂稀释试样、减少试样体积、增加柱中的填料量和选择对分析物有较强保留的吸附剂等手段。

加到萃取柱上的试样量取决于萃取柱的尺寸（填料量）和类型，在试样溶剂中试样组分的保留性质，试样中分析物及基质组分的浓度等因素。固相萃取柱选定后，应进行穿透实验。进行穿透实验时，分析物的浓度应为实际试件中预期的最大浓度。最后选定的试样体积要小于上述测定值，以防止在清洗杂质时分析物受损失。

（3）除去干扰杂质

用中等强度的溶剂，将干扰组分洗脱下来，同时保持分析物仍留在柱上。对反相萃取柱，清洗溶剂是含适当浓度有机溶剂的水或缓冲溶液。通过调节清洗溶剂的强度和体积，尽可能多地除去能被洗脱的杂质。为了决定清洗溶剂的最佳浓度和体积，加试样于固相萃取柱上，用5~10倍固相萃取柱床体积的溶剂清洗，依次收集和分析流出液，得到清洗溶剂对分析物洗脱廓形。依次增加清洗溶剂强度，根据不同强度下分析物的洗脱廓形，决定清洗溶剂合适的强度和体积。

（4）分析物的洗脱和收集

这一步骤的目的是将分析物完全洗脱并收集在最小体积的级分中，同时使比分析物更强保留的杂质尽可能多地保留在固相萃取柱上。洗脱溶剂的强度是至关重要的。较强的溶剂能够使分析物洗脱并收集在一个小体积的级分中，但有较多的强保留杂质同时被洗脱下来。当用较弱的溶剂洗脱，分析物组分的体积较大，但含较少的杂质。为了选择合适的洗脱溶剂强度和体积，加试样于固相萃取柱上，改变洗脱剂的强度和体积，测定分析物的回收率。表3-2列出了固相萃取常用的洗脱溶剂。

固相萃取操作过程的每一步，都可能影响分析的重现性。提高重现性的方法有：①使用内标法，加入适当的内标物质做参比；②加入样品的量适当，不超出穿透量；③选择合适的洗涤液和洗脱液，避免待测组分流失。

了解试样基质和待测组分的性质，如结构、极性、酸碱性、溶解度，及大致的浓度范围等，对选择和确定预处理方法及条件都是有帮助的。固相萃取的具体流程见图3-2。

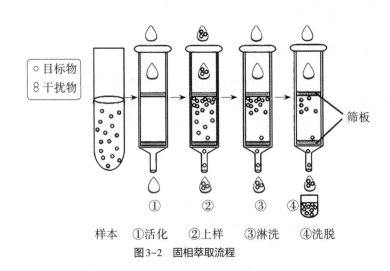

图3-2 固相萃取流程

3.2.4 固相萃取的应用

固相萃取在环境样品预处理中的应用主要是对水样的处理,尤其是盘型固相萃取的使用,把1 L水样的处理时间缩短到10 min左右,与通常的液–液萃取相比,减少了大量的时间和劳动强度,减少使用大量的有机溶剂,降低了对人体和环境的影响。

另外,许多环境水样从野外采集后,由于条件限制不能马上分析,需存放在冰箱内送往实验室,给运输、保存造成极大的困难。而固相萃取技术可以在野外直接萃取水样,将萃取后的介质送往实验室,这样,不但极大地缩小了样品体积,方便运输,而且污染物吸附在固相介质上比存放在冰箱的水样中更为稳定。如烃类物质在固相介质上可保存100 d,而在水样中只能稳定几天。较为理想的方法是野外取样先经固相萃取处理,再将取剂经干燥后予以保存或运送,直至分析前再用溶剂将被测组分从萃取剂上洗脱下来。

除了环境水样外,固相萃取也被用于大气样品的前处理。通常使用各种类型的吸附管,内装Tenax–GC、活性炭、聚氨基甲酸酯泡沫塑料、Amberlite XAD、分子筛、氧化铝、硅胶等吸附剂。它们不但可以萃取大气中的污染物,而且可以捕集气溶胶和飘尘,吸附了被测物质的吸附剂可以用溶剂洗脱下来。所以固相萃取技术处理大气样品也可以起浓缩作用。尤其是C_{18}薄膜状介质对大气中痕量污染物的浓缩十分有效。表3-3列出PCB和大气中其他农药在C_{18}薄膜介质上的回收率。固相萃取用于环境样品的预处理,测定其中农药的残留量,也有报道。美国环保署在建立一些分析水样的方法时,已使用固相萃取代替液–液萃取,见表3-4。

表3-3   大气中PCB和其他农药在C_{18}介质上的回收率[①]

被测物	Arochlor[②] 1242	Arochlor1254	敌敌畏	二嗪农	对硫磷(1605)	毒死蜱
回收率/ %	98.8	99.5	86.8	76.9	97.2	90.1
相当标准偏差[③]/%	9.6	8.7	13.8	10.9	5.0	2.6

①萃取按ASTM的D4861-1988方法进行。用直径25 mm、厚0.5 mm薄膜,取样18 h,从1 100 L大气中回收0.5 µg样品。

②多氯联苯的商品名。

③$n=3$。

表3-4   EPA中用到的SPE方法

EPA 方法	分析物	试样	SPE固定相
506	邻苯二甲酸酯和己酸酯 phthalates and adipate ester	饮用水	C_{18}
513	四氯代二苯基对二噁英 Tetrachlorodibenzo-p-dioxin	饮用水	C_{18}
508.1	含氯杀虫剂、除草剂和有机卤化物 Chlorinated pesticides, herbicides, and organohalides	饮用水	C_{18}
515.2	氯代酸 Chlorinated acids	饮用水	PS-DVB[①]

续表

EPA 方法	分析物	试样	SPE 固定相
525.1	有机化合物（可被萃取）organic compounds (extractable)	饮用水	C_{18}
548.1	草多索 Endothall	饮用水	阴离子交换剂 Anion exchanger
549.1	杀草快和百草枯 Diquat and paraquat	饮用水	C_8
550.1	多环芳烃 polycyclic aromatic hydrocarbons	饮用水	C_{18}
552.1	卤代乙酸和茅草枯 Haloacetic acides and dalapon	饮用水	阴离子交换剂 Anion exchanger
553	联苯胺和含氮杀虫剂 Benzidines and nitrogen containing pesticides	饮用水	C_{18} 或 PS-DVB
554	羰基化合物 Carbonyl compounds	饮用水	C_{18}
555	氯代酸 Chlorinated acids	饮用水	C_{18}
548	草多索 Endothall	饮用水	C_{18}
525.2	有机化合物 organic compounds	饮用	C_{18}
3535	有机氯杀虫剂、邻苯二甲酸酯、TCLP浸提液 Organochloropesticides, phthalate esters, TCLP leachates	水样	C_{18} 或 PS-DVB
1658	苯氧基酸除草剂 Phenoxy-acid herbicides	废水	C_{18}
1656	有机卤化物杀虫剂 Organochalide pesticides	废水	C_{18}
1657	有机磷杀虫剂 Organophosphorus pesticides	废水	C_{18}
3600	有机氯杀虫剂和多氯联苯化合物 Organochlorine pesticides and Polychlorine biphenyls	废水	氧化铝、硅胶、硅酸镁 Alumina, Silica gel, Florisil
8440	石油烃总量 Total recoverable petroleum hydrocarbons	沉积物、土壤	硅胶 Silica gel
8325	联苯胺和含氮杀虫剂 Benzidines and nitrogen containing pesticides	水、废水	C_{18}
1013	苯并[a]芘和其他多环芳烃 Benzo[a]pyrene and other polynuclear aromatic hydrrocarbons	空气	XAD-2树脂、聚氨酯海绵 XAD-2 resin, polyurethane foam

①PS-DVB: 聚苯乙烯-二乙烯苯（polystyrene-divinylbenzene）。

固相萃取与其他分析技术的联用也正在得到迅速的发展,说明固相萃取不仅可作为单纯样品的制备技术(离线分析),也可作为其他分析仪器的进样技术(在线分析)。其中以与色谱分析(包括GC/MS)的在线联用是环境分析中最为成熟的在线方式。

3.3　固相微萃取

固相微萃取(Solid Phase Microextraction，SPME)是加拿大滑铁卢大学的Pawliszyn及其同事在20世纪90年代提出的样品前处理技术。该技术以固相萃取为基础发展而来,同时又克服了固相萃取的缺点,如固体或油性物质对填料空隙的堵塞,大大降低了空白值,同时又缩短了分析时间。

固相微萃取技术经历了一个由简单到复杂、由单一化向多元化的发展过程。最初仅利用具有很好耐热性和化学稳定性的熔融石英纤维作为吸附介质进行萃取,对茶和可乐中的咖啡因做了定性和定量分析。后来又将气相色谱固定液涂布在石英纤维表面,以提高萃取效率。1993年,美国Supelco公司推出了商品化固相微萃取装置和纤维,至今已经在环境分析、医药、生物技术、食品检测等众多领域得到广泛应用。该技术操作简单,集采样、萃取、浓缩和进样于一体,可以节省样品预处理70%的时间,无须使用有机溶剂。萃取过程使用一支携带方便的萃取器,特别适于野外的现场取样分析,也易于进行自动化操作,可在任何型号的气相色谱(GC)和液相色谱仪(LC)上直接进样。1997年,Pawliszyn又提出了管内固相微萃取(in-tube SPME)的概念,是该技术的又一大进展。管内固相微萃取使用一根内部涂有固定相的开管毛细管柱,富集目标化合物。这种萃取方式多与高效液相色谱(HPLC)联用,分离测定一些不挥发的和热不稳定的化合物,大大扩展了固相微萃取的应用范围。

3.3.1 固相微萃取装置的构造

固相微萃取装置主要由两部分组成:一是涂在1 cm长的熔融石英细丝表面的聚合物(一般是气相色谱的固定液)构成萃取头(fiber),接在一根不锈钢微管上,外部又套一层起保护作用的不锈钢针管,使纤维可在其中自由伸缩,确保纤维在分析过程中不被折断、涂层不被破坏。若使用得当,每根萃取头可以反复使用50次以上,最多可达200次左右,而不影响其灵敏度和重现性。萃取头固定在不锈钢的活塞上;另一部分就是手柄(holder),不锈钢活塞就安装在手柄里,可以推动萃取头进出手柄,整个装置形如一微量进样器(如图3-3)。

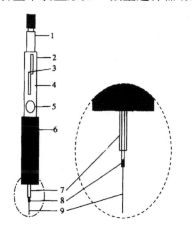

1.压杆;2.手柄筒;3.压杆卡持螺钉;

4.Z型槽;5.萃取头视窗;

6.调节针头深度的定位器;7.针管;

8.连接纤维的微管;9.熔融石英纤维

图3-3　固相微萃取器的形状和结构示意

平时萃取头就收缩在手柄内,当萃取样品的时候,露出萃取头浸渍在样品中,或置于样品上空进行顶空萃取,有机物就会吸附在萃取头上。经过2~30 min后吸附达到平衡,萃取头收缩于鞘内,把固相微萃取装置撤离样品,完成样品萃取过程。将萃取装置直接引入气相色谱仪的进样口,推出萃取头,吸附在萃取头上的有机物就在进样口进行热解吸,而后被载气送入毛细管柱进行分析测定。

3.3.2 固相微萃取和固相萃取

固相微萃取通常被误以为是固相萃取的另一种形式或微型化的固相萃取,实际上这两种方法有很大的不同。固相萃取有三个重要的过程:首先,样品通过一个吸附床,样品中的分析物被固体吸附剂完全萃取出来;其次,使用一种溶剂将干扰成分从吸附剂中洗脱下来;最后,使用另一种溶剂将分析物从吸附剂上洗脱下来,得到的溶液通过蒸发、浓缩成体积适当的分析液。而固相微萃取是利用平衡萃取和选择性吸附的原理将分析物从样品体系中转移到涂层上。第一步,将涂层暴露于样品中,由于涂层对分析物有极强的亲和性,因而分析物被有选择性地萃取;第二步,将纤维上萃取的物质直接在分析仪器中解析。在这中间不需要清洗的步骤。微型固相萃取类似于固相萃取,也是一种完全萃取方法,只是减少了样品和吸附剂的体积,而固相微萃取是一种非完全萃取的方法,因此两者在本质上是不同的。任何样品前处理方法都具有一定程度的选择性,想要把样品中所有的化合物都引入分析仪器中是不切实际的。方法的发展必须能除去不能进入仪器中的化合物,包括样品基质中的成分;同时也希望尽可能除去不需要检测的化合物,以保证检测的数据不受干扰,因此有选择性萃取的样品前处理能使过程简单化且节省大量的时间。

在挑选固相微萃取涂层时,涂层的选择性非常重要。而在固相萃取中高容量的吸附剂更为重要,因为样品穿漏才是更重要的问题。而对于平衡萃取技术,如固相微萃取,并不存在这样的问题,因而涂层的选择性更为重要。固相微萃取不同于固相萃取的另一方面在其吸附剂上,较于固相微萃取,固相萃取的吸附剂太大而极易吸附大量非目标分析物,通常很难将其完全洗脱掉而不影响分析物的含量。而固相微萃取的装置由于其几何构造和萃取模式,非目标化合物通常不会在吸附剂上大量富集。与萃取相包装成弹筒状的固相萃取装置相比,固相微萃取一般是一种开放床式的结构。固相微萃取中萃取相的表面是可以直接分析的(虽然对于管式固相微萃取并非如此),因而可以用分光法直接分析表面吸附的成分,不仅仅是化合物,也可以是被收集的悬浮颗粒。这在形态分析和自然体系的表征中十分重要。

3.3.3 固相微萃取法原理

固相微萃取的原理与固相萃取不同。固相微萃取不是将待测物全部萃取出来,其原理是建立在待测物在固定相和水相之间达成平衡分配的基础上。

设固定相所吸附的待测物的量为W_s,因待测物总量在萃取前后不变,故得到:

$$C_0 \cdot V_2 = C_1 \cdot V_1 + C_2 \cdot V_2 \tag{3-6}$$

式中,C_0是待测物在水样中的原始浓度;C_1、C_2分别为待测物达到吸附平衡后在固定相和水样中的浓度;V_1和V_2分别为固定相液膜和水样的体积。

当吸附达到平衡时,待测物在固定相与水样间的分配系数K有如下关系:

$$K = \frac{C_1}{C_2} \tag{3-7}$$

平衡时固相吸附待测物的量 $W_s = C_1 \cdot V_1$，故 $C_1 = W_s/V_1$。由式(3-6)得

$$C_2 = \frac{C_0 V_2 - C_1 V_1}{V_2} \tag{3-8}$$

将 C_1 及 C_2 代入式(3-7)并整理后得

$$K = \frac{W_s V_2}{V_1(C_0 V_2 - C_1 V_1)} = \frac{W_s V_2}{C_0 V_2 V_1 - C_1 V_1^2} \tag{3-9}$$

由于 $V_1 \ll V_2$，式(3-9)中 $C_1 V_1^2$ 可忽略，整理后得

$$W_s = K C_0 V_1 \tag{3-10}$$

由式(3-10)可知，W_s 与 C_0 呈线性关系，并与 K 和 V_1 呈正比。决定 K 值的主要因素是萃取头固定相的类型，因此，对某一种或某一类化合物来说，选择一个特异的萃取固定相十分重要。萃取头固定相液膜越厚，W_s 越大。由于萃取物全部进入色谱柱，一个微小的固定液体积即可满足分析要求。通常液膜厚度为 5~100 μm，这已比一般毛细管柱的液膜(0.2~1 μm)厚得多。

3.3.4 固相微萃取法萃取条件的选择

(1)萃取头

萃取头应由萃取组分的分配系数、极性、沸点等参数来确定，在同一个样品中因萃取头的不同可使其中某一个组分得到最佳萃取，而其他组分则可能受到抑制。目前常用的萃取头有如下几种：①聚二甲基硅氧烷类，厚膜(100 μm)适于分析水溶液中低沸点、低极性的物质，如苯类、有机合成农药等；薄膜(7 μm)适于分析中等沸点和高沸点的物质，如苯甲酸酯，多环芳烃等；②聚丙烯酸酯类，适于分离酚等强极性化合物。此外，还有活性炭萃取头，适于分析极低沸点的强亲脂性物质。

(2)萃取时间

萃取时间主要是指达平衡所需要的时间。而平衡时间往往取决于多种因素，如分配系数、物质的扩散速度、样品基体、样品体积、萃取膜厚、样品的温度等。实际上，为缩短萃取时间没有必要等到完全平衡。通常萃取时间为 5~20 min 即可，但萃取时间要保持一定，以提高分析的重现性。

(3)改善萃取效果的方法

①搅拌。搅拌可促进样品均一化和加快物质的扩散速度，有利于萃取平衡的建立。

②加温。尤其在顶空固相微萃取时，适当加温可提高液上气体的浓度，一般加温 50~90 ℃。

③加无机盐。在水溶液中加入硫酸铵、氯化钠等无机盐至饱和可降低有机化合物的溶解度，使分配系数提高。

④调节 pH 值。萃取酸性或碱性化合物时，通过调节样品的 pH 值，可改善组分的亲脂性，从而可大大提高萃取效率。

⑤加有机溶剂。向液体样品中加入溶剂会减少纤维上萃取的分析物的量，但向固体或污水样品中加入有机溶剂，可以加速分析物向纤维涂层的扩散迁移，从而提高萃取的化合物的量。适

量的水或其他表面活性物质也将有助于固体样品中结合力强的分析组分的释放。

（4）萃取头纤维的老化

所有纤维在使用之前都需要0.5~4 h的老化，以去除纤维上的杂质，降低背景值。与气相色谱联用主要是在进样口进行高温加热，使纤维上的杂质挥发或热解。尤其是连接石英纤维和不锈钢微管的胶，会在老化时释放一些单体和裂解产物。经过老化后，只有PA涂层的纤维会变成褐色，但这不会影响纤维的萃取效果。对于液相色谱进样，由于不同的溶剂对固相微萃取纤维的影响是不同的，因此最好用流动相或与萃取相关的溶剂进行老化，将纤维插入固相微萃取/高效液相色谱接口，让流动相通过。如果使用梯度运行程序，纤维至少应老化30 min。如果纤维在不同于流动相的溶剂中老化，应使纤维浸泡在溶剂中至少15 min。

纤维老化的效果可通过空白分析检验。将纤维插入进样口解吸，观察色谱基线，若达不到令人满意的空白值，纤维可再次进行老化。

（5）萃取头纤维的清洗

纤维用过一段时间后，可能会被沾污，残留物会严重影响目标化合物的分析测定，此时有两种方法用于清洗纤维，即热清洗和溶剂清洗，可根据涂层性质的不同加以选择。对于键合固定相，纤维可以在其最高使用温度热解吸1 h甚至过夜以达到清洗的目的。此外，由于键合固定相对所有有机溶剂都是稳定的，还可以在有机溶剂中清洗之后，再加热清洗，但若使用某些非极性溶剂会发生轻微的流失。另外，使用含氯溶剂还有可能溶解固定纤维的环氧树脂从而破坏纤维。而对于非键合和交联固定相，则不能使用非极性有机溶剂进行冲洗，溶剂会使固定相膨胀并从纤维上脱落下来。虽然在某些可与水混溶的有机溶剂中非键合固定相是稳定的，但也可能会发生轻微的流失，因此只建议使用热清洗方法。可以在其最高使用温度清洗1~2 h或者在低于最高温度10~20 ℃的条件下加热过夜。如果还无法清洗干净，可以将纤维在高于最高使用温度20 ℃的条件下热处理30 min。通过上述介绍，选择适当的方法清洗纤维，可以大大延长纤维的使用寿命。

3.3.5 固相微萃取法的应用

（1）适用性及特点

固相微萃取装置既可用于液态样品的预处理（浸渍萃取或顶空萃取），也可用于固态样品的预处理（顶空萃取）和气体样品预处理。

固相微萃取解吸时没有溶剂的注入，分析物很快被热解吸并很快随载气送入色谱柱，分析速度快。

现将液-液萃取、固相萃取和固相微萃取的相关参数列于表3-5。由表3-5可知，固相微萃取较其他样品预处理方法，具有明显的优越性。由于一些新的样品预处理方法出现，一些传统的预处理方法，如液-液萃取今后将被取代而逐步被淘汰。

表3-5　液-液萃取、固相萃取和固相微萃取法比较

项目	液-液萃取	固相萃取	固相微萃取
萃取时间/min	60~180	20~60	5~20
样品体积/mL	50~100	10~50	1~10
所用溶剂体积/mL	50~100	3~10	0
应用范围	难挥发性	难挥发性	挥发性与难挥发性
检测限	ng/L	ng/L	ng/L
相对标准偏差	5~50	7~15	1~12
费用	高	高	低
操作	麻烦	简便	简便

（2）固相微萃取在环境分析领域的应用

由于固相微萃取具有操作简便、快速,不需用溶剂洗脱等特点,萃取后即可将它直接插入气相色谱(包括GC-MS)的进样室,经热解样品即进入色谱柱,减少了很多中间步骤,而且测定灵敏度高,迅速又广泛地被应用于环境有机污染物的分析中。

①环境水样的分析。

由人类生产、生活而引入环境水体的污染物,不仅对环境造成了巨大的污染,也严重危害到人类的健康和生存。因此,检测江河、湖泊、海洋、废水、污水、地下水、饮用水中的污染物成为人们关心的问题。作为一种灵敏的痕量分析技术,固相微萃取出现后,就在液体样品研究中充分体现了它的优越性。均匀的液态样品,无须消解,只要转移到具塞玻璃容器中,调节萃取条件,盖紧塞子,就可进行萃取操作。固相微萃取技术可用于水样中各种农药、除草剂、灭菌剂残留,及挥发性碳化合物(VOCs)、苯的同系物(BTEX)、多环芳烃(PAHs)、多氯联苯(PCBs)、芳香胺化合物和酚类化合物等环境污染物的测定,具有较宽的线性范围和较高的灵敏度。对于多种萃取纤维的选用,非极性的PDMS涂层和极性的PA涂层适用面最广,对多数化合物均具有较好的富集效果。萃取的温度通常也不高,多数在室温下就可取得满意的萃取效率。

②土壤、底泥与生物组织等固体样品的分析。

固体样品往往不能直接进行固相微萃取操作,可加热样品,使易挥发的分析物进入顶空后采用顶空方式萃取。此法尤其适用于固体样品中的挥发性化合物,如多环芳烃也可以通过适当的浸提液浸取,将分析物转移液相中,再进行固相微萃取,测定条件与水样的测定相同。

将固体样品中的分析物转移到液相中有多种方式可供选择,为了避免应用有机溶剂,可使用微波辅助萃取,在固体样品中加入适量水,利用水分子对微波能量的强吸收作用,进行微波加热并加上一定的压力,使分析物从固体样品转移至水相中,再用固相微萃取进行富集。应用微波辅助萃取可测定西红柿中的挥发性胺类化合物。不同于超临界流体萃取通过高压下的 CO_2 富集分

析物,次临界水(指在高温下的液态水)萃取主要依赖水的温度,压力只要足够维持水的液态即可(一般<40 bar,1bar=10^5 Pa)。萃取装置为一根长 64 mm、直径 7 mm 的不锈钢管,两端可用螺帽封死。加入固体样品和预先用氮气除氧的水,置于 GC 柱箱内加热。高温下,水的极性、表面张力和黏性均会下降。此时,一些水溶性很小的有机化合物,溶解度会急剧增加,如杀虫剂 Chlorothalonil 在常温下的水溶解度为 0.3 μg·L^{-1},而水温升高到 200 ℃时,溶解度可达 23 000 μg·L^{-1}。因此适当调节水温,可提高多种化合物的萃取效率。对于极性较强的化合物,50~100 ℃就可以充分萃取分析物,而非极性的化合物则要求更高的水温。

③气体样品的分析。

固相微萃取技术用于气体样品分析,主要是 VOCs 的测定,相对于传统的气体分析方法,具有显著的优势。传统的气体采集、富集方式有两种:一种是针对目标化合物的活性气体采样,即将含有目标化合物的气体通过特定的吸附床或反应剂,其中的目标化合物就通过物理吸附或化学反应被富集,再经过加热脱附、溶剂解吸等方式使化合物适合后续的色谱分析。此法在气体组分分析中十分有效,但缺点在于现场操作比较麻烦,不能进行污染物浓度变化的实时监测,还会使用有毒的有机溶剂。与之相应的另一种气体采样方法是全气采样,即用不锈钢器皿或塑料袋采集含有目标化合物的气体样本进行分析。这种方法虽然操作简单,但引入了很大的背景值,不利于痕量组分的分析。而固相微萃取克服了传统技术的缺陷,可方便快速地针对目标化合物进行采样测定。我们关心的许多问题如工业卫生监测、室内空气污染调查等,固相微萃取技术都具有很好的应用前景。

3.4 超临界流体萃取

超临界流体萃取(Supercritical Fluid Extraction,SFE),在环境样品的预处理方面发展迅速、广泛地被应用。1986 年超临界流体萃取开始用于环境分析,1988 年国际上就推出了第一台商品化的超临界流体萃取的仪器,美国环保署 1990 年提出利用超临界流体萃取技术在 5 年内停止 95%的有机氯溶剂的使用,并已将方法定为几类物质常规的分析方法。20 世纪 60 年代末期,随着超临界流体色谱的出现,超临界流体的许多特有性质及其具有的优势得到了很好的展现,引起了学术界及工业界的广泛关注。但将超临界流体的概念引入到常规的萃取过程中,无疑是一个较大的技术进步。20 世纪 80 年代,超临界流体的溶解能力及高扩散性能逐步得到了认可,将其作为一种优良的萃取溶剂用于萃取过程带来了超临界流体萃取技术的快速发展。近几十年来,围绕超临界流体萃取技术开展了大量的研究工作,取得了令人瞩目的成果。

超临界流体萃取技术目前多采用二氧化碳作为萃取溶剂,其本身无毒,也不会像有机溶剂萃取那样导致毒性溶剂残留,可以说它是一项比较理想的、清洁的样品前处理技术,因此,超临界流体萃取技术在环境化学方面也起到了很重要的作用。当前,提高人们的生活质量、改善生存环境、维护生态平衡是人们的共识。环境基质极其复杂,对其中的污染物进行分离分析一直是困扰人们的一个重要问题。超临界流体萃取技术的出现,给环境工作者提供了新的思路。超临界流体萃取技术用于复杂样品基质中杀虫剂、多氯联苯、多环芳烃等的萃取都取得了很好的效果。同时由于超临界流体萃取技术萃取速度快,易于自动化,因此将其用于环境净化取得了重要的进展,在环境科学领域得到了越来越广泛的重视,在环境样品中的有机污染物或重金属的分析方面发挥了重要的作用。超临界流体萃取以其自身的处理环境样品的潜在优势吸引了广大环境工作者的视线,并得到了普遍认可,美国环保署应用超临界流体萃取技术建立了分析石油烃、多环芳烃及多氯联苯等的标准方法(USEPA 3560,3561,3562)。

3.4.1 超临界流体萃取的基本原理

任何一种物质随着温度和压力的变化都会以三种状态存在,也就是我们常说的三种相态:气相、液相、固相。气相、液相、固相之间是紧密相关的,同时三者之间也是可以相互转化的,在一个特定的温度和压力条件下,气相、液相、固相会达到平衡,这个三相共存的特定状态点,通常叫三相点;而气、液两相达成平衡状态的点称为临界点,在临界点时的温度和压力就称为临界温度和临界压力。通常将高于临界温度和临界压力而接近于临界点的状态称为超临界状态。处于超临界状态时,气、液两相性质非常接近,以至于难以分辨,因此将处于超临界状态的称之为超临界流体。

目前研究较多的超临界流体是超临界二氧化碳,处于超临界状态的二氧化碳既不是气体,也不是液体,而是兼有气体和液体性质的流体。超临界二氧化碳的密度较大,与液体相仿,所以它与溶质分子的作用力很强,像大多数液体一样,很容易溶解其他物质。而且,它的黏度较小,接近于气体,因此,传质速度很高;加之表面张力小,很容易渗透到样品中去,并保持较大的流速,可以使萃取高效、快速完成。由于超临界二氧化碳具有无毒、不燃烧、与大部分物质不发生化学反应、价格低廉等优点,因此应用最广泛。

超临界流体萃取本质上就是调控压力和温度对超临界流体溶解能力的影响而达到萃取分离的目的。当气体处于超临界状态时,其性质介于液体和气体之间,既具有和液体相近的密度,也具有很好的扩散能力,其黏度高于气体但明显低于液体,因此对基质有较好的渗透性和较强的溶解能力,可以将基质中某些分析物与基质分离而转移至流体中从而将其萃取出来。根据目标分析物的物理化学性质,通过调节合适的温度和压力来调节超临界流体的溶解性能,便可以有选择性地依次把目标分析物萃取出来。当然,所得到的萃取物可能不是单一的,但可以通过控制合适的实验条件得到最佳比例的混合物,然后再借助减压等方式,将被萃取的分析物进行分离,从而达到分离纯化的目的。将萃取和分离两个不同的过程联成一体,这就是超临界流体萃取分离的基本原理。

3.4.2 超临界流体萃取系统及操作模式

超临界流体萃取装置,一般包括三个部分:①超临界流体发生源,由萃取剂贮槽、高压泵及其他附属装置组成。其功能是将萃取剂由常温、常压态转变为超临界流体。高压泵通常采用注射泵,其最高压力为十兆帕至几十兆帕,具有恒压线性升压和非线性升压的功能。②超临界流体萃取部分,包括样品萃取管及吸附装置。③溶质减压吸附分离部分,由喷口及吸收管组成。

萃取的过程是:处于超临界状态的萃取剂进入样品管,待测物从样品的基体中被萃取至超临界流体中,然后通过流量限制出口器进入收集器中。萃取出来的溶质及流体,由超临界态喷口减压降温转化为常温常压,此时流体挥发逸出,而溶质吸附在吸收管内多孔填料表面。用合适溶剂淋洗吸收管就可把溶质洗脱收集备用。

依据超临界流体萃取技术操作方式的不同,可将超临界流体萃取的操作方式分为动态、静态及循环萃取三种。动态法是超临界流体连续通过样品基质,流路是单向的、不循环的,使被萃取的组分直接从样品中分离出来进入吸收管的方法。操作简便、快速,特别适合于萃取那些在超临界流体萃取剂中溶解度很大的物质,而且样品基质又很容易被超临界流体渗透的被测样品。静态法是将待萃取的样品"浸泡"在超临界流体内,经过一定时间后,再把含有被萃取溶质的超临界流体送至吸收管。静态法没有动态法那样快速,但适合于萃取那些与样品基体较难分离或在超临界流体内溶解度不大的物质,也适合于样品基体较为致密、超临界流体不易渗透的样品。循环法其本质是动态法和静态法的结合。该方法首先将超临界流体充满样品萃取管,然后用循环泵使样品萃取管内的超临界流体反复、多次经过管内的样品进行萃取,最后进入吸收管,因此比静态法萃取效率高,又能萃取动态法不适用的样品,适用范围广。

3.4.3 超临界流体萃取技术的影响因素

改变超临界流体的温度、压力或在超临界流体中加入某些极性有机溶剂,可以改变萃取的选择性和萃取效率。

(1)压力的影响

压力的改变可引起超临界流体对物质溶解能力的巨大变化。这样,只要改变萃取剂的压力,就可以将样品中的不同组分按它们在超临界流体中溶解度的大小,先后萃取分离出来。在低压下溶解度大的物质先被萃取,随着压力的增加,难溶物质也逐渐从基体中萃取出来。因此,在程序升压下进行超临界萃取,不但可以萃取不同的组分,而且还可以将不同的组分分离。一般来讲,提高压力可以提高萃取效率。例如,对PAH化合物,在7.5 MPa时不能萃取;在10 MPa时,可萃取2~3环的PAHs;压力提高到20 MPa,则可以萃取得到5~6环的PAHs。

(2)温度的影响

温度的变化同样会改变超临界流体的萃取能力,体现在影响萃取剂的密度与溶质的蒸气压两个因素。在低温区(仍在临界温度以上),温度升高可以降低流体密度,而溶质蒸气压增加不多,因此,萃取剂的溶解能力降低,溶质从流体萃取剂中析出;温度进一步升高到高温区时,虽然萃取剂密度进一步降低,但溶质蒸气压迅速增加起了主要作用,因而挥发度提高,萃取率不但不减少,反而有增大的趋势。

(3)添加有机溶剂的影响

在超临界流体中加入少量的极性有机溶剂,也可改变它对溶质的溶解能力。通常加入量不超过10%,而且以极性溶剂如甲醇、异丙醇等居多。少量极性有机溶剂的加入,还可使萃取范围扩大到极性较大的化合物。有人认为极性有机溶剂的加入,起到了与分析物争夺基体活性点的作用而有利于萃取。但有机溶剂的使用,可能导致以下几个问题:①可能削弱萃取系统的捕获能力;②可能导致共萃取物的增加;③可能干扰检测,如氯代溶剂会影响电子捕获检测器检测;④会增加萃取毒性。因此,极性有机溶剂的加入,要全面地分析、考虑,包括溶剂的种类、数量等。

(4)萃取时间的影响

影响萃取效率的因素除了超临界流体的压力、温度和添加的有机溶剂外,萃取过程的时间及吸收管的温度,也会影响萃取的效率及吸收效率。萃取时间取决于两个因素:①被萃取组分在超临界流体中的溶解度。溶解度越大,萃取效率越高,速度也越快,所需萃取时间就越短。②被萃取组分在基质中的传质速率。速率越大,萃取效率就越高,速度就越快,萃取所需时间就越短。收集器或吸收管的温度将影响回收率。因为萃取出的溶质溶解或吸附在吸收管内,会放出吸附或溶解热,因此,降低温度有利于提高收集率。

(5)不同萃取流体的影响

超临界流体萃取剂的选择随萃取对象的不同而不同。通常临界条件较低的物质优先考虑。表3-6列出了超临界流体萃取中常用的萃取剂及其临界值。其中水的临界值最高,实际使用最少。用得最多的是二氧化碳,它不但临界值相对较低,而且具有一系列优点:化学性质稳定、不易与溶质反应、无毒、无味,不会造成二次污染;纯度高、价格适中,便于推广应用;沸点低,容易从萃取后的馏分中除去,后处理比较简单;特别是不需加热,极适合于萃取热不稳定的化合物。但是,由于二氧化碳的极性极低,只能用于萃取低极性和非极件的化合物。

表3-6 常用超临界流体萃取剂及其临界值

萃取剂	乙烯	二氧化碳	乙烷	氧化亚氮	丙烯	丙烷	氨	己烷	水
临界温度/℃	9.3	31.1	32.3	36.5	91.9	96.7	132.5	234.2	374.2
临界压力/bar	50.4	73.8	48.8	72.7	46.2	42.5	112.8	30.3	220.5

3.4.4 超临界流体萃取的优点

(1)超临界流体具有比较低的黏度和较高的扩散系数,可以比液体溶剂更容易穿过多孔性基质,提高了萃取速率。

(2)温度或压力的改变可以调整超临界流体的溶解能力,因此可以通过对温度和压力的调控得到合适的超临界流体的溶解能力,进而可以建立选择性比较高的萃取方法。

(3)超临界流体提取的分析物可以通过压力的调节而进行分离,省去了传统萃取过程中的样品浓缩过程,节省了时间,避免了挥发性分析物的损失。

(4)超临界流体萃取常用二氧化碳作为超临界流体萃取剂,减少了对环境的污染。

(5)超临界二氧化碳萃取可以在接近室温下进行,可以很好地防止对热不稳定物质的氧化和分解。

(6)二氧化碳既是一种不活泼的气体,又是一种不会发生燃烧的气体,没有毒副作用,在萃取过程中不会发生化学反应,比较安全可靠。

(7)超临界流体萃取技术可以与色谱技术直接进行联用,有利于挥发性有机化合物的定性定量分析。

3.4.5 超临界流体萃取的应用

超临界流体特别适合于萃取烃类及非极性脂溶化合物,如醚、酯、酮及其他相对分子质量达

300~400 D 的化合物。超临界流体能进行族选择性萃取,这是它的一大优点。例如,在农药的萃取方面,常见农药分为有机氯(OCPs)、有机磷(OPPs)、三嗪(Trazine)和糖醛(Urons)4类,利用不同含量的有机溶剂添加剂或通过调节萃取压力和温度可将它们分离。如 Barnabas 等人在 13.5 MPa 时用纯 CO_2,先萃取 OCPs,然后在 40 MPa 时用加入甲醇添加剂的 CO_2,又萃取 OPPs,取得了很好的选择性。表3-7 列出了一些环境有机污染物的超临界流体的工作条件。表3-8 列出了超临界流体在萃取环境样品的预处理中有代表性的应用。

就样品形态而言,超临界流体萃取最适于固体和半固体样品的萃取,也可用于其他类型样品的萃取。由于水在超临界 CO_2 中有较高的溶解度(约0.3%),因此,除少量液态样品可直接萃取外,大多数液体及气体应首先进行固相吸附或用膜预处理,然后再按固态样品方式进行萃取。

利用亚临界条件(subsupercritical)的水来萃取环境固态样品中的难挥发性物质,如烷基苯,PAHs 和 PCBs 等,萃取效率达60%~100%。一般萃取条件是30~300 ℃,<303 kPa,样品用量1~30 g,萃取时间5~15 min。如果采取变温措施,以改变水的介电常数,可获得选择萃取的效果。亚临界流体萃取是超临界流体萃取技术中值得注意的发展动向。

超临界流体萃取的另一个特点及发展方向是能与其他仪器分析方法联用,从而避免了样品转移的损失、沾污,减少了各种人为的偶然误差,提高了方法的精密度和灵敏度,提高了工作效率,便于实现自动化。目前使用最普遍且较成熟的联用技术是与气相色谱联用。

表3-7　某些环境有机污染物的超临界流体萃取工作条件

待测物	超临界流体	温度/℃	压力/MPa	萃取率/%
含氯农药	2%CH$_3$OH-CO$_2$	60	25	90
三嗪除草剂	2%CH$_3$OH-CO$_2$	48	23	>90
PCBs	2%CH$_3$OH-CO$_2$	—	20	>90
	N$_2$O	45	30	100
	F$_{22}$	100	40	>90
PAHs	CO$_2$	—	30	>90
	5%CH$_3$OH-CO$_2$	—	—	100
PCDD	CO$_2$	40	31	50
	2%CH$_3$OH-CO$_2$	40	31	100
	2%CH$_3$OH-N$_2$O	40	31	100
氯酚	2%CH$_3$OH-CO$_2$	80	40	>90
十二烷基苯磺酸	2%CH$_3$OH-CO$_2$	125	38	>90

表3-8 超临界流体萃取在处理环境样品中的典型应用

被萃取组分	样品基体	超临界流体	萃取时间/min
农药	土壤、沉积物、生物组织	CO_2,CO_2/MeOH, MeOH	30~120
二噁英	沉积物、飞灰	CO_2, N_2O, CO_2/MeOH	30~120
蒽醌	纸、胶合板屑	CO_2	20
石油烃类	沉积岩、土壤	CO_2	15~30
有机胺	土壤	CO_2, N_2O	20~120
酚类	土壤、水	CO_2, CO_2/MeOH, CO_2/C_6H_6	20~120

3.5 加速溶剂萃取

加速溶剂萃取(Accelerated Solvent Extraction，ASE)的方法是通过改变萃取条件,以提高萃取效率和加快萃取速度的新型高效的萃取法。通常改变萃取条件是提高萃取剂的温度和压力。其突出的优点是有机溶剂用量少、快速、回收率高,以自动化方式进行萃取。与索氏提取、超声、微波、超临界和经典的分液漏斗振摇等公认的成熟方法相比,加速溶剂萃取的突出优点如下:有机溶剂用量少,10 g样品仅需15 mL溶剂;快速,完成一次萃取全过程的时间一般仅需15 min;基体影响小,对不同基体可用相同的萃取条件;萃取效率高,选择性好,已进入美国环保署标准方法,标准方法编号3545;方法发展方便,已成熟的用溶剂萃取方法都可用加速溶剂萃取法做;使用方便,安全性好,自动化程度高。几种常见萃取方法有机溶剂用量比较见表3-9。

表3-9 几种萃取方法有机溶剂用量

萃取方法	索氏提取	超声	微波	振荡	自动索氏提取	加速溶剂
样品量/g	10~30	30	5	50	10	10~30
溶剂体积/mL	300~500	300~400	30	300	50	15~45
溶剂/样品比率	16~30	10~13	6	6	5	1.5

3.5.1 加速溶剂萃取的基本原理

加速溶剂萃取是在较高的温度(50~200 ℃)和压力(1 000~3 000 psi)下用溶剂萃取固体或半固体样品的新颖样品前处理方法。

（1）温度的影响

提高温度可使溶剂溶解待测物的容量增加。Pitzerk 等认为，当温度从 50 ℃升高至 150 ℃后，蒽的溶解度提高了约 13 倍；烃类的溶解度，如正二十烷，可以增加数百倍。Sekine 等认为，水在有机溶剂中的溶解度随着温度的增加而增加。在低温低压下，溶剂易从"水封微孔"中被排斥出来，然而当温度升高时，水的溶解度的增加，则有利于这些微孔的可利用性。升高温度能极大地减弱由范德华力、氢键、溶质分子和样品基体活性位置的偶极吸引力所引起的溶质与基体之间的很强的相互作用力；加速溶质分子的解析动力学过程，减小解析过程所需的活化能，降低溶剂的黏度，因而减小溶剂进入样品基体的阻力，增加溶剂进入样品基体的扩散。已报道温度从 25 ℃增至 150 ℃，其扩散系数增加 2~10 倍。降低溶剂和样品基体之间的表面张力，溶剂更好地"浸润"样品基体，有利于被萃取物与溶剂的接触。由于加速溶剂萃取是在高温下进行的，因此，热降解是一个令人关注的问题。加速溶剂萃取是在高压下加热，高温的时间一般少于 10 min，因此，热降解不甚明显。

（2）压力的影响

在加压下萃取，液体的沸点一般随压力的升高而提高。例如，丙酮在常压下的沸点为 56.3 ℃，而在 5 个大气压下，其沸点高于 100 ℃。液体对溶质的溶解能力远大于气体对溶质的溶解能力。因此欲在提高的温度下仍保持溶剂在液态，则需增加压力。同时增大压力可迫使溶剂进入基质在常压下不能接触到的部位，有利于将溶质从基质的微孔中萃取出来。另在加压下，可将溶剂迅速加到萃取池和收集瓶。

3.5.2 加速溶剂萃取系统

加速溶剂萃取系统由 HPLC 泵、气路、不锈钢萃取池、萃取池加热炉、萃取收集瓶等构成。如图 3-4 所示，所选择的 HPLC 泵是一种压力控制泵，萃取池采用 316 型不锈钢制造，用压缩的气体将萃取的样品吹入收集瓶内，萃取时有机溶剂的选择与索氏萃取法相同，萃取温度一般控制在 150~200 ℃之间，压力通常为 3.3~19.8 MPa，在上述条件下进行静态萃取。其工作程序如下：第一步是手工将样品装入萃取池，放到圆盘式传送装置上，以下步骤将完全自动先后进行：圆盘传送装置将萃取池送入加热炉腔并与相对编号的收集瓶连接；泵将溶剂输送到萃取池，萃取池在加热炉被加温和加压（5~8 min），在设定的温度和压力下静态萃取 5 min，多次少量向萃取池加入清洗溶剂；萃取液自动经过滤膜进入收集瓶，用 N₂ 吹洗萃取池和管道，萃取液全部进入收集瓶待分析。全过程仅需 13~17 min。溶剂瓶由 2~3 个组成，每个瓶可装入不同的溶剂，可选用不同溶剂先后萃取相同的样品，也可用同一溶剂萃取不同的样品。可同时装入 24 个萃取池和 26 个收集瓶。ASE200 型萃取仪，其萃取池的体积可从 11 mL 到 33 mL。ASE350 型萃取仪的萃取池体积可选用 1，5，10，22，34，66 和 100 mL。

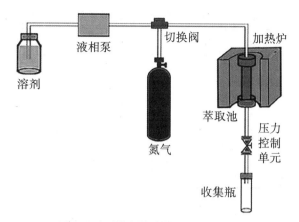

图3-4 加速溶剂萃取系统示意图

3.5.3 加速溶剂萃取的应用

加速溶剂萃取适用于固体或半固体样品的预处理。目前已有报道用于环境样品中的有机磷、有机氯农药、呋喃、含氯除草剂、苯类、总石油烃等的萃取。根据被萃取样品挥发的难易程度，加速溶剂萃取法采取两种方式对样品进行预处理，即预加热法（Preheat method）和预加入法（Pre-fill method）。预加热法是在向萃取池加注有机溶剂前，先将萃取池加热。适用于不易挥发样品。预加入法是在萃取池加热前先将有机溶剂注入，主要是为了防止易挥发组分的损失。先加入溶剂，易挥发组分即被溶解于溶剂中，可避免加热过程中损失，适用于易挥发样品的处理。美国热电（Thermo Fisher Scientific）公司中国应用研究和技术服务中心报道了使用加速溶剂萃取法萃取环境样品中的多环芳烃（PAHs）和多氯联苯（PCBs）。用加速溶剂萃取仪从污染土壤和海床沉积物中提取多环芳烃时，样品装入萃取池前需要干燥和研磨，所需样品量应保持在10~20 g，含水量超过10%的样品应加入等量的无水 Na_2SO_4 混合。黏性、油性或纤维状等不适于研磨的样品应处理成小块以保证尽可能大的萃取面积。这类样品研磨时，需按1∶1的比例加入无水 Na_2SO_4 以改善研磨效果。不同样品量需用不同体积的萃取池，萃取条件如下。

仪器：ASE200型加速溶剂萃取仪　　　　　加热时间：5 min
溶剂：二氧甲烷／丙酮（1∶1）（V/V）　　　稳定时间：5 min
系统压力：14 MPa（2000 psi）　　　　　　清洗体积：萃取池体积的60%
炉温：100 ℃　　　　　　　　　　　　　氮气吹除：1 MPa（150 psi），60 s
样品量：7 g

萃取后用HPLC测定，萃取结果分别列于表3-10和表3-11中。

表3-10 从污染土壤中提取多环芳烃的回收率

成分	平均回收率/%(n=8)	RSD/%	成分	平均回收率/%(n=8)	RSD/%
芴	83.4	1.6	苯并[a]蒽	93.6	10
菲	119.2	1.9	䓛	121.8	15
蒽	88	6.6	苯并[b,k]荧蒽	142.3	8.1
荧蒽	101.2	14	苯并[a]芘	100.3	15
芘	104.8	18	—	—	—

表3-11 从海床沉积物中提取多环芳烃的结果

成分	平均回收率/%	标准偏差	保证值	90%置信区间
萘	8.87	1	9	0.7
苊	—	—	0.3	0.1
二氢苊	4.89	0.51	4.5	1.5
芴	10.09	1.26	13.6	3.1
菲	68.8	6.44	85	20
蒽	7.73	0.57	13.4	0.5
荧蒽	54.73	4.82	60	9
芘	33.7	2.83	39	9
苯并[a]蒽	12.4	1.07	14.6	2
䓛	14.95	1.52	14.1	2
苯并[a]芘	6.27	0.65	7.4	3.6
苯并[b]荧蒽	11.46	1.27	7.7	1.2
苯并[k]荧蒽	10.16	1.28	2.8	2
苯并[ghi]苝	4.14	0.69	5	2
二苯并[ah]蒽	2.58	0.33	1.3	0.5
茚并[1,2,3-cd]芘	4.3	0.77	5.4	1.3

用加速溶剂萃取法从污泥、牡蛎及河床沉积物中萃取多氯联苯时,样品需干燥后再放入萃取池。如果样品含水量超过10%,应混合同比例的无水 Na_2SO_4,萃取池出口处放置过滤垫片。萃取条件如下。

仪器:DIONEX公司ASE200型加速溶剂萃取仪　　加热时间:5 min

（11 mL萃取池，40 mL收集瓶）　　　　　　　　稳定时间：5 min

系统压力：14 MPa（2000 psi）　　　　　　　　　清洗体积：萃取池体积的60%

炉温：100 ℃　　　　　　　　　　　　　　　　　溶剂：正己烷／乙腈（1∶1）（V/V）

样品量：5~10 g　　　　　　　　　　　　　　　　氮气吹除：1 MPa（150 psi），60 s

萃取后样品测定用GC-ECD，测定结果列于表3-12中。

表3-12　从污泥、牡蛎及河床沉积物中萃取多氯联苯（n=6）

多氯联苯	污泥[①]		牡蛎[②]		河床沉积物[③]	
	回收率/%[④]	RSD/%	回收率/%[④]	RSD/%	回收率/%[④]	RSD/%
PCB28	118.1	2.5	90	7.8	—	—
PCB52	114	4.7	86.6	4	—	—
PCB101	142.9	7.4	83.9	1.5	89.2	3.7
PCB153	109.5	5.8	84.5	3.5	62.3	4.1
PCB138	109.6	3.9	76.9	3	122.1	2.3
PCB180	160.4	7.5	87	4.3	111.5	5.9

①每种成分的分析浓度范围：160~200 ng/g；

②每种成分的分析浓度范围：50~150 ng/g；

③每种成分的分析浓度范围：170~800 ng/g；

④与索氏萃取相比较。

3.6　微波辅助萃取

微波辅助萃取（Microwave Aided Extraction，MAE）是指在微波能的作用下，选择性地将样品中的目标组分以其初始相态的形式萃取出来的技术。以往微波预处理样品主要用于无机分析，使无机离子以最高或较高价态的形式萃取出来。自20世纪80年末期逐渐扩展到有机分析。该法具有设备简单、高效、快速、试剂用量少，可以同时处理多个样品等优点。

3.6.1 微波辅助萃取的原理

微波在传输过程中遇到不同物料时，会产生反射、吸收和穿透现象。大多数优良导体如金属类物质能够反射微波而基本上不吸收。微波触及这些物质时，根据物质的几何形状而把微波传输、聚焦或限制在一定的范围内。绝缘体可穿透并部分反射微波，通常对微波吸收较少，从分子结构上讲这些绝缘体通常是一些非极性物质，如烷烃、聚乙烯等，微波穿过这些物质时，能量几乎没有损失。而介质如水、极性溶剂、酸、碱、盐类等，则具有吸收微波的性质，微波穿过这些物质时电磁能转化成热能而使这些物质温度升高。微波辅助萃取技术就是利用微波加热的特性来对物料中目标成分进行选择性萃取的方法。通过调节微波加热的参数,可有效加热目标成分,以利于目标成分的萃取与分离。

3.6.2 微波辅助萃取装置

微波辅助萃取装置主要包括微波炉和萃取容器两大部分。微波萃取容器有两种:敞口容器和密闭容器。

(1)微波炉

目前广泛使用的微波萃取系统有家用微波炉和专用微波炉两种。家用微波炉造价比较低廉,稍加改造后也可用于样品的微波消解和萃取。由于炉腔内电磁场的不均一性,其底座一般都加入了旋转装置。家用微波炉的缺点在于消解功率较大,不同隔挡之间功率差别较大,难以精确控制微波萃取的合适功率。

实验室专用的微波系统,具有大流量的排风和炉腔氟塑料涂层,可以防止酸雾腐蚀设备。商品化的带有控温附件的微波制样设备,如 CEM 公司的 MAE1000 和 O.I.公司的 7195 或 7165 型微波系统,国产 MSP-100 型、SH9402 型等都能进行微波萃取。

(2)萃取容器

①敞口容器。

敞口容器主要有锥形瓶、硅硼玻璃容器和 PTFE 容器。在敞口微波萃取装置中,样品的萃取是在常压下进行的,萃取的最高温度是由所用萃取溶剂的沸点决定的。由于敞口萃取一般是在聚焦微波系统中进行的,样品的加热均一而且高效。最常用的敞口聚焦微波系统是 Prolabo 公司生产的 Soxwave 100 微波系统,功率为 200W。为了避免加热过程中溶质的损失,一般在敞口微波萃取容器上加回流装置。

②密闭容器。

高压密闭微波萃取容器自 1984 年推出,它将微波萃取技术推进了一大步,它所具有的独特优势远远超出了它可能带来的危害,如爆炸等。密闭萃取容器主要为 PTFE 或 Teflon PFA 容器。由于在密闭系统中,没有溶剂的挥发,所以溶剂的消耗量较少。易挥发化合物的分析最好在密闭微波装置中进行,萃取溶剂可以被加热到常压下的沸点以上,从而有效地提高萃取速率和萃取效率,对化合物的萃取进行得非常彻底。密闭萃取系统的优点还在于可以通过控制萃取的温度来控制萃取过程,而且可以同时处理多个样品,减少了总的萃取时间。如 CEM 公司生产的 MES 1000 密闭萃取系统能同时处理 12 个样品,萃取过程中对每个萃取容器进行温度和压力监测。由于炉腔内电场的不均一性,萃取容器放置在旋转装置上加热,这与家用微波炉相同。目前,密闭萃取系统所存在的最大不足是安全性较差,在萃取过程中产生的高压可能会导致萃取容器的爆炸;而且萃取容器内的温度升高较快,可能会引起挥发性高的化合物的损失。

3.6.3 微波辅助萃取步骤和条件的选择

(1)萃取步骤

萃取步骤:准确称取一定量已粉碎的待测样品置于微波制样杯内,根据萃取物情况加一定量的适宜萃取溶剂(不超过50 ml)。将装有样品的制样杯放到密封罐中,然后把密封罐放到微波制样炉里;设置目标温度和萃取时间,加热萃取直至加热结束;把制样罐冷却至室温,取出制样杯,过滤或离心分离,制成供下一步测定的溶液。

(2)萃取条件的选择

萃取条件主要包括萃取溶剂的选择、萃取温度、萃取时间等。

①萃取溶剂,微波加热的吸收体需要微波吸能物质。极性物质是微波吸能物质,如乙醇、甲醇、丙酮或水等。因非极性溶剂不吸收微波能,所以不能用100%的非极性溶剂作微波萃取溶剂。一般可在非极性溶剂中加入一定比例的极性溶剂来使用,如丙酮–环己烷(1:1或3:2)。有时样品可含有一定的水分,或将干燥的样品用水润湿后再加入溶剂进行微波萃取,都能取得好的结果。研究结果表明,萃取溶剂的电导率和介电常数大时,在微波萃取中显著提高萃取效率。

②萃取温度,由于制样杯置于密封罐中,内部压力可达1MPa以上,因此,溶剂沸点比常压下的溶剂沸点提高许多。如在密闭容器中丙酮的沸点提高到164 ℃,丙酮–环己烷(1:1)的共沸点提高到158 ℃,这远高于常压下的沸点。这样用微波萃取可以达到常压下使用同样溶剂所达不到的萃取温度,既可提高萃取效率又不至于分解待测萃取物。对有机氯农药微波萃取试验表明,萃取温度在120 ℃时可获得最好的回收率。

③萃取时间,微波萃取时间与被测样品量、溶剂体积和加热功率有关。一般情况下,萃取时间在10~15 min内。有控温附件的微波制样设备可自动调节加热功率大小,以保证所需的萃取温度。在萃取过程中,一般加热1~2 min即可达到要求的萃取温度。

与传统的样品预处理技术如索氏抽提、超声波萃取相比,微波萃取的主要特点是快速与节能,而且有利于萃取热不稳定物质,可以避免长时间的高温引起样品分解,有助于被萃取物质从样品基体上解吸,故特别适合于快速处理大量的样品。

3.6.4 微波辅助萃取技术的应用

微波萃取技术已应用于土壤、沉积物中多环芳烃、农药残留、有机金属化合物、植物中有效成分、有害物质、霉菌毒素、矿物中金属的萃取以及血清中的药物、生物样品中农药残留的萃取测定。

(1)微波萃取农药残留

用微波萃取样品中的农药残留,所选用的溶剂不仅能较好地吸收微波能,而且可有效地从样品中把农药残留成分萃取出来。用异辛烷、正己烷/丙酮、苯/丙酮(2:1)、甲醇/乙酸、甲醇/正己烷、异辛烷/乙腈等作溶剂,在土壤或沉积物有一定湿度的条件下,微波萃取法仅用了3 min就可获得与索氏提取法用6 h才能取得相同的有机氯农药残留回收率。

已应用微波法萃取农药残留的其他样品有肉类、鸡蛋和奶制品、土壤、砂子、吸尘器所得灰尘、水和沉积物、猪油、蔬菜(甜菜、苦瓜、莴苣、辣椒和西红柿)、大蒜和洋葱等。

(2)有机污染物的微波萃取

用微波萃取土壤、河泥、海洋沉积物、环境灰尘以及水中的高聚物、多环芳烃、氯化物、苯、除草剂和酚类等有机污染物,一般只需常规萃取方法1/10的溶剂,萃取5~20 min即可。

4 气相色谱分析法

4.1 气相色谱分析法概述

4.1.1气相色谱法概述

色谱法(chromatography)是一种分离分析技术。1906年,俄国植物学家茨维特(M. Tswett)在研究植物叶子的色素成分时,将植物叶子中的石油醚提取物倒入装填有碳酸钙颗粒的玻璃管顶端,提取液中的色素被吸附在顶部碳酸钙颗粒上;然后用石油醚不断自上而下淋洗,此时色素在玻璃管内向下移动,结果色素中各组分互相分离形成各种不同颜色的谱带,茨维特把这些色带称为"色谱",并把这种方法命名为色谱法。以后此法逐渐应用于无色物质的分离,"色谱"二字虽已失去原来的含义,但仍被人们沿用至今。1941年,英国人马丁(A.J.P.Martin)和辛格(R.L.M. Synge)把茨维特色谱法的操作形式与液-液萃取原理结合结来,发明了分配色谱法,并由此获得了1952年诺贝尔化学奖。此后,色谱法被逐渐重视并得到快速发展,纸色谱、薄层色谱、气相色谱、高效液相色谱等各种色谱方法相继产生,成为十分重要的分离分析手段,并得到了广泛应用。许多气体、液体和固体样品都能用色谱法进行分离和分析。

根据国际纯粹与应用化学联合会(IUPAC)对色谱法的定义,色谱法是一种物理分离方法。填入玻璃管或不锈钢管内静止不动的一相(固体或液体)称为固定相;自上而下运动的另一相(一般是气体或液体)称为流动相;装有固定相的管子(玻璃管或不锈钢管)称为色谱柱。当流动相中的样品混合物经过固定相时,就会与固定相发生作用。由于各组分在性质和结构上的差异,与固定相相互作用的类型、强弱也有差异,因此在同一推动力的作用下,不同组分在固定相上滞留时间长短不同,从而按先后不同的次序从固定相中流出。再通过与适当的柱后检测方法相结合,便可实现对混合物中各组分的分离与检测。随着现代科技的进步,色谱法近年来得到了飞速发展。一方面,色谱分析与计算机技术相结合使色谱仪自动化程度愈来愈高,仪器操作和数据处理更加快捷、准确、简便;另一方面,色谱技术的不断发展,如气相色谱毛细管柱的发展、毛细管超临界流体色谱和毛细管电色谱、多维色谱等全新色谱方法的出现、高灵敏检测器和各种联用(色谱与光谱或质谱联用)技术的采用等,使色谱法的分离效率、检测灵敏度不断提高,分析样品所需时间越来越短,越来越能适应更加复杂的分析对象。同时,色谱的种类也越来越多,分类也更加复杂。

4.1.2气相色谱法的分类

从不同的角度,可将色谱法分类如下。

(1)按两相状态分类

以气体为流动相的色谱法称为气相色谱法(Gas Chromatography, GC)。根据固定相是固体吸附剂还是固定液(附着在惰性载体上的薄层有机化合物液体),气相色谱法又可分为气固色谱法(GSC)和气液色谱法(GLC)。以液体为流动相的色谱法称为液相色谱法(LC)。同理,液相色谱法也可再分为液固色谱法(LSC)和液液色谱法(LLC)。

(2)按分离机理分类

在色谱分离过程中被测组分与固定相间的作用机理不完全相同。根据物质分离机理的不同,色谱法可分为吸附色谱法、分配色谱法、离子交换色谱法、凝胶色谱法、亲和色谱法、电色谱法等。

① 吸附色谱法(Adsorption Chromatography)。吸附色谱法是各种色谱分离技术中应用最早的一类。当混合物随流动相通过固定相时,由于各组分在吸附剂表面吸附性能不同,从而使混合物得以分离的方法称为吸附色谱法。

②分配色谱法(Partition Chromatography)。分配色谱法是利用不同组分在流动相和固定相之间的分配系数(或溶解度)不同,而使之分离的方法。

③离子交换色谱法(Ion Exchange Chromatography)。 离子交换色谱法是基于离子交换树脂上可电离的离子与流动相具有相同电荷的溶质进行可逆交换,利用不同组分对离子交换剂亲和力的不同而进行分离的方法。

④凝胶色谱法(Gel Chromatography)。凝胶色谱法是以多孔介质(如凝胶)为固定相,利用组分分子大小不同在多孔介质中因阻滞作用不同而达到分离的方法,也称为尺寸排阻色谱法。

⑥亲和色谱法(Affinity Chromatography)。利用固定在载体上的固化分子对组分的亲和性的不同而进行分离的方法,常用于蛋白质的分离。

⑦电色谱法 (Electro Chromatography)。利用带电溶质在电场作用下移动速度不同而将组分分离的色谱方法称为电色谱法。

(3)按固定相使用的外形分类

①柱色谱法(Column Chromatography)。柱色谱法是将固定相装在一金属或玻璃柱中或是将固定相附着在毛细管内壁上做成色谱柱,试样从柱头到柱尾沿一个方向移动而进行分离的色谱法。气相色谱法、高效液相色谱法等都属于柱色谱法范畴。柱色谱法可分为填充柱色谱法和毛细管色谱法。柱色谱最大的优点是:柱效高、分析速度快、定量较为可靠。

②纸色谱法(Paper Chromatography)。纸色谱法是利用滤纸做固定液的载体,把试样点在滤纸上,然后用溶剂展开,各组分在滤纸的不同位置以斑点形式显现,根据滤纸上斑点的位置及大小进行定性和定量分析的色谱法。

③薄层色谱法(Thin-layer Chromatography)。薄层色谱法是将适当粒度的吸附剂作为固定相涂在平板上形成薄层,然后用与纸色谱法类似的方法操作以达到分离分析目的的色谱法。

纸色谱法和薄层色谱法又称为平面色谱法(Planar Chromatography)。平面色谱法的设备和操作简单,易于普及,但准确度较差,灵敏度偏低。

(4)按色谱动力学过程分类

①迎头色谱法。以试样混合物作流动相的色谱法称为迎头色谱法。

②顶替色谱法。用吸附能力或其他作用能力较被分析组分强的组分做流动相的色谱法称为顶替色谱法。

③洗脱色谱法。以吸附能力或其他作用能力比试样组分弱的气体或液体做流动相的色谱法称为洗脱色谱法。洗脱色谱不仅能使试样各组分获得良好的分离,色谱峰清晰,同时除去冲洗剂后,可获得纯度较高的物质,是目前使用最广的一种方法。

4.1.3 气相色谱法的特点

色谱法经过一个世纪的发展,出现了许多种类的分析技术,其中气相色谱法是世界上运用最广泛的分析技术之一,这主要是由于气相色谱法具有如下特点。

①分离效率高,分析速度快。可分离复杂混合物,如有机同系物、异构体、手性异构体等,一般在几分钟或几十分钟内可以完成一个试样的分析。

②样品用量少,检测灵敏度高。可以检测出 $\mu g/g$(10^{-6})级甚至 ng/g(10^{-9})级的物质。

③应用围广。在色谱柱温度条件下,可分析有一定蒸气压且热稳定性好的样品。一般来说,气相色谱法可直接进样分析沸点低于400 ℃的各种有机或无机试样。

4.1.4 气相色谱分析中的基本术语和重要参数

色谱图(Elution Profile)是指被分离组分通过检测器系统时所产生的响应信号对时间或流动相流出体积的曲线图。也就是以组分流出色谱柱的时间 t 或载气流出体积 V 为横坐标,以检测器对各组分的电信号响应值为纵坐标的一条曲线,该曲线也称为色谱流出曲线。该曲线是色谱图中对时间或载气流出体积变化的响应信号曲线。色谱图上有一组色谱峰,每个峰代表样品中的一个组分。色谱图提供了色谱分析的各种信息,是被分离组分在色谱分离过程中的热力学因素和动力学因素的综合体现,也是色谱定性定量分析的基础。色谱分离参数指出了物质分离的可能性、色谱柱对被测组分的选择性,以及为色谱条件的选择提供了依据。

(1)色谱图的基本术语和参数

由检测器输出的电信号强度对时间作图,所得曲线称为色谱流出曲线,又称为色谱图(如图4-1)。曲线上突起部分就是色谱峰。如果进样量很小,浓度很低,在吸附等温线(气固吸附色谱)或分配等温线(气液分配色谱)的线性范围内,则色谱峰是对称的。与色谱流出曲线有关的常用术语如下。

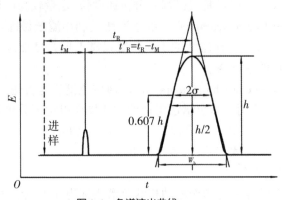

图4-1　色谱流出曲线

①基线。当无试样通过检测器时检测到的信号即为基线。稳定的基线应该是一条水平直线。

②峰高。峰高指色谱峰顶点与基线之间的距离,用h表示。

③保留值。

a. 用时间表示的保留值。

保留时间(t_R):组分从进样到柱后出现峰极大值时所需的时间,称为保留时间。

死时间(t_M):不与固定相作用的气体(如空气)的保留时间。它与色谱柱的孔隙体积成正比。因为这种物质不被固定相吸附或溶解,故其流速与流动相流速相近。流动相平均线速度可用柱长L与t_M的比值表示,即

$$u = \frac{L}{t_M} \tag{4-1}$$

调整保留时间(t'_R):某组分的保留时间扣除死时间后,就是该组分的调整保留时间。

$$t'_R = t_R - t_M \tag{4-2}$$

由上可知,保留时间包括了组分随流动相通过柱子所需的时间和组分在固定相中滞留所需的时间。

设流动相在柱内的平均线速度为$\bar{u}$,组分在柱内线速度为u_s,由于固定相对组分有保留作用,故$u_s < \bar{u}$,此两速度之比为滞留因子(retardation factor)R_s,有

$$R_s = \frac{u_s}{\bar{u}} \tag{4-3}$$

R_s若用质量分数表示,则有

$$R_s = \frac{m_M}{m_M + m_s} = \frac{1}{1 + \dfrac{m_s}{m_M}} = \frac{1}{1 + k} \tag{4-4}$$

对组分和流动相通过长度为L的色谱柱,其所需时间分别为

$$t_R = \frac{L}{u_s}, t_M = \frac{L}{\bar{u}}$$

结合式(4-3), 式(4-4)可得

$$\frac{t_R}{t_M} = \frac{\bar{u}}{u_s} = \frac{1}{R_s} = 1 + k \tag{4-5}$$

整理式(4-5)可得

$$t_R = t_M (1 + k) \tag{4-6}$$

$$k = \frac{t_R - t_M}{t_M} = \frac{t'_R}{t_M} \tag{4-7}$$

根据式(4-7)可由色谱图求得某组分的分配比k。

保留时间是色谱法定性的基本依据,但同一组分的保留时间常受到流动相流速的影响,因此有时用保留体积来表示保留值。

b. 用体积表示的保留值。

保留体积(V_R):从进样开始到被测组分在柱后出现浓度极大值时所通过的流动相的体积。保留体积与保留时间的关系可表示为

$$V_R = t_R F_0 \tag{4-8}$$

式中：F_0 为柱出口处的载气流量，mL/min。

死体积(V_M)：指色谱柱在填充后，柱管内固定相颗粒间所剩余的空间、色谱仪中管路和连接头间的空间以及检测器空间的总和。当后两项很小可忽略不计时，死体积可表示为

$$V_M = t_M F_0 \tag{4-9}$$

同理，调整保留体积(V'_R)可表示为

$$V'_R = V_R - V_M \tag{4-10}$$

c. 相对保留值 r_{21}。

以上各种保留时间或保留体积定性指标，都只是用一种组分在一定条件下测得的数据。若同时用另一组分作为标准物或参比进行测定，取其调整保留值之比作为定性指标，称为相对保留值 r_{21}，其表达式为：

$$r_{21} = \frac{t'_{R2}}{t_{R1}} = \frac{V'_{R2}}{V'_{R1}} \tag{4-11}$$

相对保留值只与柱温和固定相性质有关，而与柱径、柱长、填充情况及流动相流速无关。因此它在色谱法中，尤其在气相色谱法中，广泛用作定性的依据。它表示了固定相对这两种组分的选择性，并可作为这两种组分的分离指标或色谱柱评价指标，故又称为分离因子(separation factor)，也称为选择性因子，也可用符号 α 表示。

d. 区域宽度。

区域宽度是反映色谱峰宽度的参数，可用于衡量柱效率及反映色谱操作条件的动力学因素。通常表示色谱峰区域宽度有三种方法。

(a)标准偏差(σ)：0.607倍峰高处色谱峰宽度的一半。

(b)半峰宽($Y_{1/2}$)：色谱峰高一半处的宽度。它与标准偏差的关系为

$$Y_{1/2} = 2.35\sigma \tag{4-12}$$

(c)峰底宽度(W_b)：色谱峰两侧拐点上的切线在基线上的截距间的距离，峰底宽度与标准偏差的关系为

$$W_b = 4\sigma = 1.699 Y_{1/2} \tag{4-13}$$

从色谱流出曲线中可获得以下重要信息：

第一，根据色谱峰的个数，可以判断样品中所含组分的最少个数；

第二，根据色谱峰的保留值，可以进行定性分析；

第三，根据色谱峰的面积或峰高，可以进行定量分析；

第四，色谱峰的保留值及其区域宽度，是评价色谱柱分离效能的依据；

第五，色谱峰两峰间的距离，是评价固定相选择是否合适的依据。

(2)色谱分离基本参数

①分配系数 K。

分配系数(partition coefficient)是指在一定温度下，组分在两相间分配达到平衡时的浓度(单位：g/mL)比，即

$$K = \frac{\text{组分在固定相中的浓度}}{\text{组分在流动相中的浓度}} = \frac{C_s}{C_M} \tag{4-14}$$

分配系数是色谱分离的依据。它是由组分和固定相的热力学性质决定的,是每一种溶质的特征值,它仅与两个变量有关:固定相和温度。与两相体积、柱管的特性以及所使用的仪器无关。

②分配比k。

在实际工作中,也常用分配比(partition ratio)来表征色谱分配平衡过程。它是指在一定温度和压力下,某一组分在两相间分配达平衡时,分配在固定相和流动相中的质量比,即

$$k = \frac{组分在固定相中的质量}{组分在流动相中的质量} = \frac{m_s}{m_M} \tag{4-15}$$

k值越大,说明该组分在固定相中的质量越多,相当于柱的容量越大,因此k又被称为容量因子(capacity factor)或容量比(capacity ratio)。k值是衡量色谱柱对被分离组分保留能力的重要参数。k值也取决于组分及固定相的热力学性质。它不仅随柱温、柱压的变化而变化,还与流动相及固定相的体积有关。分配比k与分配系数K的关系如下。

$$k = \frac{m_s}{m_M} = \frac{c_s V_s}{c_M V_M} = \frac{K}{\beta} \tag{4-16}$$

式中:c_s、c_M分别为在固定相和流动相中的浓度;V_M为柱中流动相的体积,近似等于死体积;V_s为柱中固定相的体积,在各种不同类型的色谱中有不同的含义;β称为相比率,它是反映各种色谱柱柱性特点的又一个参数。例如:对填充柱,其β值为6~35;对毛细管柱,其β值为60~600。分配比可从色谱图上直接测得。

分配系数和分配比都与组分及固定相的热力学性质有关,并随柱温、柱压的变化而变化。分配系数是组分在两相中浓度之比,与两相体积无关;分配比则是组分在两相中分配总量之比,与两相体积有关,组分的分配比随固定相的量而改变。对于一定的色谱体系,组分的分离决定于组分在每一相中的总量大小而不是相对浓度大小,因此分配比常用来衡量色谱柱对组分的保留能力。

③柱长L。

柱中填充固定相部分的长度。

(3)其他参数

①响应值:组分通过检测器所产生的信号。

②相对响应值s:单位量物质与单位量参比物质的响应值之比。

③校正因子f:相对响应值的倒数。校正因子与峰面积的乘积正比于物质的量。

④线性范围:检测信号与被测组分的物质的量或质量浓度呈线性关系的范围。

⑤分析时间:一般指最后流出组分的保留时间。

4.2 气相色谱分析理论

色谱分析的任务之一是将混合物中各组分彼此分离。组分要达到完全分离,两峰间的距离必须足够远。两峰间的距离是由组分在两相间的分配系数决定的,即与色谱分离过程的热力学性质有关。同时,还要考虑每个峰的宽度。若峰很宽以至于彼此重叠,还是不能分开。而峰的宽度是由组分在色谱柱中传质和扩散行为决定的,即与色谱分离过程的动力学性质有关。因此,色谱分离的基本理论(fundamental theory of chromatograph separation)需要解决的问题包括:色谱分离过程的热力学和动力学问题;影响分离及柱效的因素与提高柱效的途径;柱效与分离度的评价指标及其关系。

4.2.1 塔板理论

塔板理论(plate theory)最早由 Martin 等人提出。该理论把色谱柱比作一个精馏塔,沿用精馏塔中塔板的概念来描述组分在两相间的分配行为。同时引入理论塔板数 n 作为衡量柱效率的指标,即色谱柱是由一系列连续的、相等高度的水平塔板组成。每一块塔板的高度用 H 表示,称为理论塔板高度,简称板高。

(1)塔板理论要点

塔板理论假设如下:

①在柱内一小段长度 H 内,组分可以在两相间迅速达到平衡。这一小段柱长称为理论塔板高度 H。

②以气相色谱法为例,载气进入色谱柱不是连续进行的,而是脉动式的。每次进气为一个塔板体积(ΔV_m)。

③所有组分开始时存在于第0号塔板上,而且试样沿轴(纵)向扩散可忽略。

④分配系数在所有塔板上是常数,与组分在某一塔板上的量无关。

由此可得

$$n = \frac{L}{H} \qquad (4-17)$$

式中:n 称为理论塔板数;H 为理论塔板高度。与精馏塔一样,色谱柱的柱效随理论塔板数 n 的增加而增加,随理论塔板高度 H 的增大而减小。

(2)塔板理论的柱效指标

由塔板理论的流出曲线方程可导出理论塔板数 n 与保留时间 t_R、半峰宽 $Y_{1/2}$、色谱峰宽度 W_b 的关系为

$$n = 5.54\left(\frac{t_R}{Y_{1/2}}\right)^2 = 16\left(\frac{t_R}{W_b}\right)^2 \qquad (4-18)$$

式中:t_R 与 $Y_{1/2}(W_b)$ 应采用同一单位(时间或距离)。从式(4-18)可以看出,在 t_R 一定时,色谱峰越窄,塔板数 n 越大,理论塔板高度 H 就越小,柱效越高。因而,n 或 H 可作为描述柱效的指标。通常,填充色谱柱的 n 在 10^3 以上,H 在 1 mm 左右;毛细管色谱柱 n 为 $10^5 \sim 10^6$,H 在 0.5 mm 左右。

由于保留时间包括了死时间,实际上组分在死时间内不参与柱内分配,所以计算出来的理论

塔板数、理论塔板高度与试剂柱效有很大差距,需引入把死时间扣除的有效塔板数 n_e 和有效塔板高度 H_e 来作为柱效能指标。

$$n_e = 5.54\left(\frac{t'_R}{Y_{1/2}}\right)^2 = 16\left(\frac{t'_R}{W_b}\right)^2 \tag{4-19}$$

在使用柱效指标时应注意以下两点:

①因为在相同的色谱条件下,对不同的物质计算的塔板数不一样,因此,在说明柱效时,除注明色谱条件外,还应指出用什么物质进行测量。

②柱效不能表示被分离组分的实际分离效果。当两组分的分配系数 k 相同时,无论该色谱柱的塔板数多大,都无法被分离。

(3)塔板理论的特点和不足

塔板理论是一种半经验性理论。它用热力学的观点描述了溶质在色谱柱中的分配平衡和分离过程,解释了色谱流出曲线的形状及浓度极大值的位置,并提出了计算和评价柱效高低的参数。但由于它的某些基本假设并不符合色谱柱内实际发生的分离过程,如气体的纵向扩散不能被忽略,同时也不能不考虑分子的扩散、传质等动力学因素,因此塔板理论只能定性地给出理论塔板高度的概念,却不能解释理论塔板高度受哪些因素影响以及造成谱带扩展的原因,也不能说明同一色谱柱在不同的载气流速下柱效能不同的实验结果,无法指出影响柱效能的因素及提高柱效能的途径,因而限制了它的应用。

4.2.2 速率理论

1956年,荷兰学者范·第姆特(Van Deemter)等在研究气液色谱时,提出了色谱过程动力学理论——速率理论(rate theory)。他们吸收了塔板理论中理论塔板高度的概念,并充分考虑了组分在两相间的扩散和传质过程,从而在动力学基础上较好地解释了影响理论塔板高度的各种因素。该理论模型对气相、液相色谱都适用。范·第姆特方程的数学简化式为

$$H = A + \frac{B}{u} + Cu \tag{4-20}$$

式中:u 为流动相的线速度;A、B、C 为常数,分别代表涡流扩散项系数、分子扩散项系数及传质阻力项系数。现分别叙述各项所代表的物理意义。

(1)涡流扩散项

A 为涡流扩散项,在填充色谱柱中,当组分随流动相向柱出口迁移时,流动相由于受到固定相颗粒阻碍,不断改变流动方向,使组分分子在前进中形成紊乱的类似涡流的流动,故称涡流扩散(如图4-2)。

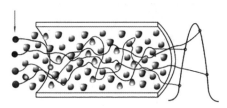

图4-2 涡流扩散现象示意图

由于填充物颗粒大小的不同及填充物的不均匀性,组分在色谱柱中路径长短不一,因而同时进入色谱柱的相同组分到达柱口时间并不一致,引起了色谱峰变宽。色谱峰变宽的程度由下式决定。

$$A = 2\lambda d_p \tag{4-21}$$

式中:d_p 为固定相的平均颗粒直径;λ 为固定相的填充不均匀因子。

式(4-21)表明,为了减少涡流扩散,提高柱效,应使用细小的颗粒,并且填充均匀。但是 d_p 和 λ 之间又存在相互制约的关系。根据研究,若颗粒较大,装填时容易获得均匀密实的色谱柱,使 λ 减小。这样两者之间产生了矛盾。为了使 d_p 和 λ 之间得到协调,载体的粒度一般在100~120目为佳。对于空心毛细管,不存在涡流扩散,因此 $A=0$。

（2）分子扩散项

B/u 为分子扩散项或称纵向扩散项。分子扩散项是由浓度梯度造成的。分子扩散现象如图4-3所示。组分从柱入口加入,其浓度分布呈"塞子"构形。当组分随着流动相向前推进时,由于存在着浓度梯度,"塞子"必然自发地向前和向后扩散,造成谱带变宽。分子扩散项系数为

$$B = 2\gamma D_g \tag{4-22}$$

式中:γ 为弯曲因子,反映了固定相颗粒的几何形状对自由分子扩散的阻碍情况;D_g 为试样组分分子在流动相中的扩散系数,cm^2/s。

分子扩散项与组分在流动相中扩散系数 D_g 成正比,而 D_g 与组分性质及流动相有关,相对分子质量大的组分 D_g 小。D_g 与流动相相对分子质量的平方根成反比,即 $D_g \propto \dfrac{1}{\sqrt{M}}$。所以采用相对分子质量较大的流动相(如氮气),可降低 B 项。D_g 随柱温升高而增加,但与柱压成反比。另外,纵向扩散与组分在色谱柱中停留时间有关。流动相流速小,组分停留时间长,纵向扩散就大。因此,为了降低纵向扩散影响,要加大流动相流速。

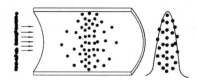

图4-3　分子扩散现象示意图

（3）传质阻力项

Cu 为传质阻力项。传质阻力现象如图4-4所示。传质阻力系数 C 包括气相传质阻力系数 C_g 和液相传质阻力系数 C_L 两项,即

$$C = C_g + C_L \tag{4-23}$$

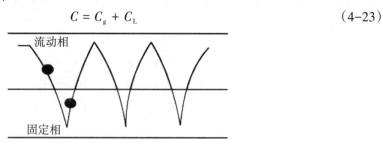

图4-4　传质阻力现象示意图

①气相传质过程。气相传质过程是指试样组分从气相移动到固定相表面的过程。在这一过程中,试样组分将在气、液两相间进行分配。有的分子还来不及进入两相界面就被气相带走,有的则进入两相界面又不能及时返回气相。这样,由于试样在两相界面上不能瞬间达到平衡,引起滞后现象,从而使色谱峰变宽。对于填充柱,气相传质阻力系数 C_g 为

$$C_g = \frac{0.01k^2}{(1+k)^2}\frac{d_p^2}{D_g}\qquad(4-24)$$

式中:k 为容量因子,D_g、d_p 意义同前。

由式(4-24)可以看出,气相传质阻力与 d_p 的平方成正比,与组分在载气中的扩散系数 D_g 成反比。因此,减小载体粒度,选择相对分子质量小的气体(如氢气)做载气,可降低传质阻力,提高柱效。

②液相传质过程。液相传质过程是指试样组分从固定相的气-液界面移动到液相内部,并发生质量交换达到分配平衡,然后又返回气-液界面的传质过程。这个过程也需要一定的时间。此时,气相中组分的其他分子仍随载气不断向柱口运动,于是造成峰形扩张,液相传质阻力系数 C_L 为

$$C_L = \frac{2}{3}\frac{k}{(1+k)^2}\frac{d_f^2}{D_L}\qquad(4-25)$$

由式(4-25)可以看出,固定相的液膜厚度 d_f 厚度越小,组分在液相中的扩散系数 D_L 越大,则液相传质阻力就越小。降低固定液的含量,可以降低液膜厚度,但 k 值随之变小,又会使 C_L 增大。当固定液含量一定时,一般可采用比表面积较大的载体来降低液膜厚度。提高柱温也可增大 D_L,但会使 k 值减小,因此为了保持适当的 C_L 值,应控制适当的柱温。

将式(4-21)至式(4-25)代入式(4-20),即可得 Van Deemter 气液色谱理论塔板高度方程。表达式为

$$H = 2\lambda d_p + \frac{2\gamma D_g}{u} + \left[\frac{0.01k^2}{(1+k)^2}\frac{d_p^2}{D_g} + \frac{2}{3}\frac{k}{(1+k)^2}\frac{d_f^2}{D_L}\right]u\qquad(4-26)$$

Van Deemter 方程对选择色谱分离条件具有实际指导意义,它指出了色谱柱填充的均匀程度、填料粒度的大小、流动相的种类及流速、固定相的液膜厚度等对柱效的影响。

③载气流速对柱效的影响。对于一定长度的色谱柱,理论塔板高度越小,理论塔板数越大。柱效越高。而从 Van Deemter 方程可知,载气流速大时,传质阻力项是影响柱效的主要因素,流速小,柱效高;载气流速小时,分子扩散项成为影响柱效的主要因素,流速大,柱效高。

由于流速在这两项中完全相反的作用,流速对柱效的总影响存在着一个最佳流速值,即速率方程式中理论塔板高度对流速的一阶导数有一极小值。以理论塔板高度 H 对应载气流速 u 作图,曲线最低点的流速即为最佳流速,如图 4-5 所示。

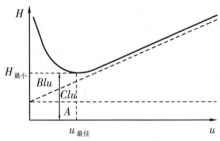

图4-5　Van Deemter曲线示意图

通过上述对 Van Deemter 方程的讨论可得出以下结论。

第一,组分分子在柱内运行的多路径与涡流扩散、浓度梯度所造成的分子扩散及传质阻力,使气液两相间的分配平衡不能瞬间达到等因素是造成色谱峰扩展、柱效能下降的主要原因。

第二,通过选择适当的固定相粒度、载气种类、液膜厚度及载气流速可提高柱效。

第三,各种因素相互制约,如载气流速增大,分子扩散项的影响减小,使柱效提高,但同时传质阻力项的影响增大,又使柱效下降;柱温升高,有利于传质,但又加剧了分子扩散的影响,选择最佳条件,才能使柱效达到最高。

速率理论阐明了流速和柱温对柱效及分离的影响,为色谱分离和操作条件的选择提供了理论指导。

4.2.3 分离度 R

塔板理论和速率理论都难以描述难分离物质对的实际分离程度。

难分离物质对的分离程度受色谱过程中两种因素的综合影响:(1)保留值之差——色谱过程的热力学因素;(2)区域宽度——色谱过程的动力学因素。

色谱分离中常见的四种情况如图4-6所示。图中(a)的情况表明,柱效较高,ΔK(两组分分配系数之差)较大,完全分离;图中(b)的情况表明,ΔK 不是很大,柱效较高,峰形较窄,基本上完全分离;图中(c)的情况表明,ΔK 较大,但柱效较低,峰形扩展,分离的效果不好;图中(d)的情况表明,ΔK 小,柱效能低,分离效果差。

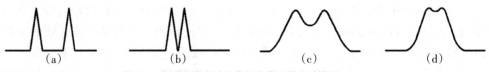

图4-6　色谱分离中难分离组分常见的几种情况

由此可见,单独用柱效或选择性都不能完全反映组分在色谱柱中的分离情况,故需引入一个综合性指标——分离度 R。分离度是既能反映柱效又能反映选择性的指标,称为总分离效能指标。分离度又称为分辨率(resolution),常用其作为柱总分离效能指标。分离度 R 定义为相邻两组分色谱峰保留值之差与两组分色谱峰峰底宽之和一半的比值,其表达式为

$$R = \frac{2\left(t_{R2} - t_{R1}\right)}{W_{b2} + W_{b1}} = \frac{2\left(t_{R2} - t_{R1}\right)}{1.699\left(Y_{1/2(2)} + Y_{1/2(1)}\right)} \tag{4-27}$$

R 值越大,表明相邻两组分分离越好。对一般分析要求 R 为 1~1.5。R=0.75,两峰的分离程度

可达89%;$R=1$,分离程度达98%;$R=1.5$,分离程度达99.7%。通常用$R=1.5$作为相邻两组分已完全分离的标志,如图4-7所示。

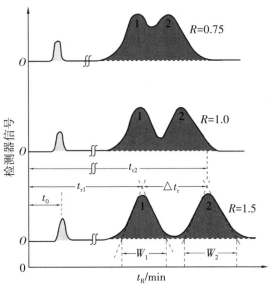

图4-7 不同分离度时色谱峰分离的程度

4.2.4 气相色谱分离基本方程式

分离度R的定义并没有反映影响分离度的各因素。实际上分离度受柱效n、选择性因子α和容量因子k三个参数的控制。对于难分离物质对,由于它们的分配系数差别小,可令$W_{b2}{\approx}W_{b1}{\approx}W$,$k_1{\approx}k_2{\approx}k$,由式(4-18)可导出

$$\frac{1}{W}=\frac{\sqrt{n}}{4}\frac{1}{t_R} \tag{4-28}$$

将式(4-28)代入式(2-27),得

$$R=\frac{\sqrt{n}}{4}\frac{t_{R2}-t_{R1}}{t_{R2}}=\frac{\sqrt{n}}{4}\frac{t'_{R2}-t'_{R1}}{t_{R2}} \tag{4-29}$$

由式(4-6)及式(4-2),可得

$$t_R=t'_R\frac{1+k}{k} \tag{4-30}$$

将式(4-30)代入式(4-29),得

$$R=\frac{\sqrt{n}}{4}\frac{t'_{R2}-t'_{R1}}{t_{R2}}\frac{k}{1+k}=\frac{\sqrt{n}}{4}\frac{\alpha-1}{\alpha}\frac{k}{1+k} \tag{4-31}$$

式(4-31)即为基本色谱分离方程式。

在实际应用中,往往用n_e代替n。由于

$$\frac{n_e}{n}=\left(\frac{t'_R}{t_R}\right)^2=\left(\frac{k}{1+k}\right)^2$$

即
$$n_e = n\left(\frac{k}{1+k}\right)^2 \tag{4-32}$$

将式(4-32)代入式(4-31)，可得
$$R = \frac{\sqrt{n_e}}{4}\left(\frac{\alpha-1}{\alpha}\right) \tag{4-33}$$

式(4-33)即基本色谱分离方程式的又一表达式。

(1)分离度与柱效能的关系

由式(4-33)可知，具有一定相对保留值α的物质对，分离度R与有效塔板数n_e的平方根成正比。而式(4-31)说明，分离度R与理论塔板数n的关系还受热力学性质的影响。当固定相一定，被分离物质对的α一定时，分离度将取决于n，这时若理论塔板高度H一定，分离度的平方与柱长成正比，即
$$\left(\frac{R_1}{R_2}\right)^2 = \frac{n_1}{n_2} = \frac{L_1}{L_2} \tag{4-34}$$

式(4-34)说明，用较长的柱子可以提高分离度。但这样做将延长分析时间，因此提高分离度的好方法是降低理论塔板高度H，提高柱效。

(2)分离度与选择因子的关系

当$\alpha=1$时，由式(4-33)可知，$R=0$。说明此时无论怎样提高柱效也不能使两组分分开。显然增大α是提高分离度的最有效方法。一般通过改变固定相的性质和组成或降低柱温可有效增大α值。

4.3　气相色谱固定相

气相色谱法能否将一个混合物中的各组分完全分离，主要取决于色谱柱的选择性和效能，即取决于色谱固定相。在色谱柱中，只起分离作用而不能移动的物质称为固定相。气相色谱中所用的固定相，可分为固体固定相、液体固定相和合成固定相三大类。

4.3.1 固体固定相

用气相色谱分析永久性气体时，常用固体吸附剂做固定相，因为气体在一般固定液里的溶解度甚小，目前还没有一种满意的固定液能用于它们的分离。然而在固体吸附剂上，它们的吸附热差别较大，故可得到满意的分离。

固体固定相所采用的固体吸附剂，主要有强极性硅胶、中等极性氧化铝、非极性活性炭及有特殊吸附作用的分子筛。它们在色谱过程中的分离机制，主要是利用吸附表面对混合物中不同组分物理吸附性能的差异而使之分离的。固体吸附剂的优点是吸附容量大、热稳定性好、无流失现象，主要应用于永久性气体(O_2、N_2、CO、CH_4等)和一些低沸点物质，特别对烃类异构体的分离具有很好的选择性和较高的分离效率。

（1）常用固体吸附剂的种类

①活性炭。它属于非极性物质，有较大的比表面积，吸附性较强。适用于分离永久性气体及低沸点烃类，不适用于分离极性化合物。使用前要先用苯（甲苯、二甲苯）浸泡，在350 ℃用水蒸气洗至无浑浊，最后在180 ℃烘干备用。

②活性氧化铝。它属于弱极性物质，适用于常温下 O_2、N_2、CO、CH_4、C_2H_6、C_2H_4 等气体及有机异构体的分离。在低温情况下，可分离氢同位素。CO_2 能被活性氧化铝强烈吸附而不能用这种固定相进行分析。使用前要在 200~1 000 ℃下烘烤活化，冷至室温备用。

③硅胶。它属于较强极性物质，分离性能与活性氧化铝大致相同，除能分析上述物质外，还能分析 CO_2、N_2O、NO、NO_2 等物质，且能够分离臭氧（O_3）。使用前要用 6 mol/L 盐酸浸泡 2 h，用水洗至无氯离子，最后在180 ℃烘干备用，或在200~900 ℃烘烤活化，冷至室温备用。

④分子筛。分子筛为碱及碱土金属的硅铝酸盐（沸石），多孔性，属于极性物质。按孔径大小分为多种类型，如3A、4A、5A、10X 及13X分子筛等（孔径:埃Å），常用5A 和13X（常温下分离 O_2 与 N_2）。除了广泛用于 H_2、O_2、N_2、CH_4、CO 等的分离外，还能够测定 He、Ne、Ar、NO、N_2O 等。使用前在350~550 ℃下烘烤活化 3~4h（注意:温度超过600 ℃会破坏分子筛的结构而使其失效）。

⑤高分子多孔微球（GDX 系列）。新型的有机合成固定相（苯乙烯与二乙烯苯共聚）。型号:GDX-01、GDX-02、GDX-03 等。适用于水、气体及低级醇的分析。

（2）固体固定相的缺点

①吸附等温线常不呈线性，所得色谱峰往往不对称，只有当试样量很小时，才会有对称峰。

②重现性差，且不宜分析高沸点和有活性组分的试样。

③吸附剂种类少，应用范围受限。

④固体吸附剂的柱效较低，活性中心易中毒，而使保留值改变，柱寿命缩短。

为了克服这些缺点，近年来提出了对固体吸附剂的表面进行物理化学改性的方法，并研制出一些结构均匀的新型吸附剂。它们不但能使极性化合物的色谱峰不拖尾，而且还可以成功地分离一些顺式、反式空间异构体。

4.3.2 液体固定相

液体固定相是由载体和固定液两部分组成。载体是一种化学惰性、多孔性固体颗粒。固定液是一种高沸点有机化合物。把固定液均匀涂渍在载体上，使固定液能在其表面形成薄而均匀的液膜，即为液体固定相，它是当前气相色谱中应用较广泛的一种固定相。

（1）载体

载体以前常称为担体，它是固定液的支持物，主要提供一个表面积大的惰性固体表面，固定液可在其表面上形成一层薄而匀的液膜，以加大与流动相接触的表面积。

①对载体的要求。

a. 比表面积大，孔径分布均匀。

b. 化学惰性，表面无吸附性或吸附性很弱，与被分离组分不起反应。

c. 具有较高的热稳定性和机械强度，不易破碎。

d. 颗粒大小均匀、适度。一般常用60~80目、80~100目。

②载体的类型。载体大致可分为硅藻土和非硅藻土两类。

a. 硅藻土。

硅藻土是目前气相色谱法中常用的一种载体,是天然硅藻土经煅烧处理后而获得的具有一定粒度的多孔性颗粒,其主要成分是二氧化硅和少量的无机盐。根据制备方法不同,又分为红色载体和白色载体。

红色载体是将硅藻土与黏合剂在900 ℃煅烧后,破碎过筛而得。因硅藻土含有铁,其被氧化生成氧化铁呈红色,故称红色载体,如国产的6201载体及国外的C-22和Chromosorb P等。红色载体的特点是机械强度好,孔径较小(约2 μm),表孔密集,比表面积较大(约4 m²·g⁻¹),表面吸附性较强,有一定的催化活性,适用于涂渍高含量非极性固定液,适宜分离非极性或弱极性组分的试样。缺点是表面存有活性吸附中心点,分析强极性组分时色谱峰易拖尾。

白色载体是在原料中加入了少量助熔剂(碳酸钠)再进行煅烧,使氧化铁转变为白色的铁硅酸钠而得名,如国产的101、405白色载体和国外的Chromosorb W、Celite等。白色载体颗粒疏松,孔径较大(8~9 μm),比表面积较小(1 m²·g⁻¹),机械强度较差,催化活性小,但其表面极性中心少,吸附性显著减小,有利于在较高柱温下使用。所以,适于涂渍低含量极性固定液,适宜分离极性组分的试样。

b. 非硅藻土类载体。

非硅藻土载体有氟载体、玻璃微球载体、高分子多孔微球等。

氟载体常用的有聚四氟乙烯多孔性载体,多用于分析强极性组分和腐蚀性的气体(如HF、Cl₂等)。

玻璃微球载体是一种用玻璃制成的有规则的颗粒小球。其主要优点是能在较低柱温下分析高沸点试样,而且分析速度较快。缺点是表面积小,只能用于低配比固定液,柱效不高。

高分子多孔微球是苯乙烯与二乙烯苯共聚物,是20世纪60年代中期发展起来的一种新型合成有机固定相。

c. 硅藻土载体。

普通硅藻土载体的表面并非完全惰性,而是具有活性中心如硅醇基(Si-OH),并有少量的金属氧化物,因此,它的表面上既有吸附活性,又有催化活性。如果涂渍的固定液量较低,则不能将其吸附中心和催化中心完全遮盖。如果用这种固定相分析样品,将会造成色谱峰的拖尾;而用于分析萜烯和含氮杂环化合物等化学性质活泼的试样时,有可能发生化学反应和不可逆吸附。因此,在涂渍固定液之前,应对载体进行化学处理,以改进孔隙结构,屏蔽活性中心。常用的处理方法有:酸洗(除去碱性基团)、碱洗(除去酸性基团)、硅烷化(消除氢键结合力)、釉化(表面玻璃化、堵住微孔)。

(2)固定液

固定液一般为高沸点的有机物,均匀地涂在载体表面,呈液膜状态。

①对固定液的要求。能做固定相的有机物必须具备下列条件。

a. 热稳定性好。在操作温度下,不发生聚合、分解或交联等现象,且有较低的蒸气压,以免固定液流失。通常,固定液有"最高使用温度"。

b. 化学稳定性好。固定液与样品或载气不能发生不可逆的化学反应。

c. 固定液的黏度和凝固点低,以便在载体表面均匀分布。

d. 各组分必须在固定液中有一定的溶解度,否则样品会迅速通过柱子,难以使组分分离。

e. 具有高选择性,即对物理化学性质相近的不同物质有尽可能高的分离能力。

②组分分子和固定液间存在作用力。固定液能牢固地附着在载体表面上,样品中各组分通过色谱柱的时间不同,这些都涉及分子间的作用力。

在气相色谱法中,载气是惰性的。而组分在气相中浓度很低,组分分子间作用力很小,可忽略。在液相中,组分间的作用力也可忽略。液相里主要存在的作用力是组分与固定液分子间的作用力,作用力大的组分,分配系数大。

这种分子间作用力主要包括定向力、诱导力、色散力和氢键。前三种又称为范德华力,是由电场作用引起的。氢键则是一种特殊的范德华力,有一定的形成条件。此外,固定液与被分离组分间还可能存在形成化合物或配合物的键合力。

③固定液分类方法。气液色谱法可选择的固定液有几百种,它们具有不同的组成、性质和用途。现在大都按照固定液的极性和化学类型分类。

a. 按固定液的极性分类:极性是固定液最重要的分离特性,固定液的极性通常用相对极性表示。此法规定强极性的固定液 β、β′-氧二丙腈的极性为100,非极性的固定液角鲨烷的极性为0。然后选择一对物质如正丁烷-丁二烯或环己烷-苯来进行实验,分别测定它们在氧二丙腈、角鲨烷及欲测极性固定液的色谱柱上的相对保留值。将其取对数后,得到被测固定液的相对极性。

b. 按固定液的化学结构分类:这种分类方法是将有相同官能团的固定液排列在一起,然后按官能团的类型不同分类,这样就便于按组分与固定液"结构相似"原则选择固定液。根据官能团的类型不同,可分为烃类、醇和聚醇类、硅酮类、酯类、腈和脂醚类、酰胺和聚酰胺类、有机皂土类等。

④固定液的选择。在选择固定液时,一般可按照"相似相溶"的规律来选择,即按欲分离组分的极性或化学结构与固定液相似的原则来选择固定液,因为这时分子间的作用力强,选择性高,分离效果好。具体说来,可从以下几个方面进行考虑:

第一,非极性试样一般选用非极性的固定液,非极性固定液对试样的保留作用主要靠色散力。分离时,试样中各组分基本上按沸点从低到高的顺序流出色谱柱,若试样中含有同沸点的烃类和非烃化合物,则极性化合物先流出。

第二,中等极性的试样应首先选用中等极性固定液。在这种情况下,组分与固定液分子之间的作用力主要为诱导力和色散力。分离时,各组分基本上按沸点从低到高先后流出色谱柱。

第三,强极性试样应选用强极性固定液。此时,组分与固定液分子间的作用主要靠静电力,组分一般按极性从小到大的顺序流出,对含极性和非极性组分的试样,非极性组分先流出。

第四,分离非极性和极性混合组分时,一般选用极性固定液。由于分离时诱导力起主要作用,使极性组分与固定液的作用力加强,所以非极性组分先流出,极性组分后流出。

第五,具有酸性或碱性的极性试样,可选用带有酸性或碱性基团的高分子多孔微球,组分一般按相对分子质量大小顺序分离。此外,还可选用强极性固定液,并加入少量的酸性和碱性添加剂,以减小谱峰的拖尾。

第六,能形成氢键的试样,如醇、酚、胺和水的分离,应选用氢键型固定液,如腈醚和多元醇固定液等,此时试样中各组分按与固定液分子间形成氢键能力的大小顺序先后流出色谱柱。

第七,对于同沸点试样,尤其是极性强的高沸点组分,由于沸点高,流出困难,分离时不宜选用强极性固定液,否则将造成出峰时间过长、操作温度过高等问题,宜选用极性较低的固定液,以加快分析速度。

第八,对于含有异构体的试样,主要是含有芳香性异构组分,可选用特殊保留作用的有机皂土或液晶做固定液。

第九,对于复杂组分性质不明的未知试样,一般首先在最常用的五种固定液上进行实验,观察未知物色谱图的分离情况,然后在12种常用固定液中,选择合适极性固定液。

对于复杂的难分离组分通常采用特殊固定液或将两种甚至两种以上固定液配合使用。

(3)合成固定相

①高分子多孔微球。

高分子多孔微球是一类合成有机固定相。它既是载体又起固定液作用,可以在活化后直接用于分离,也可以作为载体在其表面上涂渍固定液后再用于分离。高分子多孔微球分为极性的和非极性的两种。非极性的是中苯乙烯、二乙烯苯共聚而成,如国内的GDX1型和GDX2型,国外的Chromosorb系列等;极性的是在苯乙烯、二乙烯苯共聚物中引入极性官能团,如国内的GDX3型和GDX4型,国外的Porapak N等。

由于同分子多孔微球是人工合成的,所以能控制其孔径大小及表面性质。一般说来,这类固定相的颗粒是均匀的圆球,所以色谱柱容易填充均匀,数据的重现性好;又由于无液膜存在,也就无"流失"问题,因此有利于大幅度程序升温,用于沸点范围宽的试样的分离。实验证明,这类高分子多孔微球特别适于有机物中痕量水的分析,也可用于多元醇、脂肪酸、脂类、胺类的分析。

②液晶固定相。

液晶即液态晶体,是晶态固体和各向同性的"标准"液体的中间体。液晶中分子比固体中分子运动自由,但逊于液体中分子。液晶有溶变型和热变型两大类,溶变型液晶目前尚未应用。

液晶固定相的分离机理,主要依据试样组分的几何形状、组分与固定相间的极性相互作用、偶极-偶极相互作用而分离的,其中起主要作用的是分子的形状。分离是依赖于组分分子的长宽比,当分子长而窄时,就更容易与液晶分子相匹配,在液晶固定相中保留时间就长。类似平面分子要比非平面分子保留时间长。液晶固定相是分离几何异构体的理想固定相,例如液晶对于二甲苯的三种异构体就有很好的分离效能。

4.4　气相色谱仪

4.4.1气相色谱流程

气相色谱的流程如图4-8所示,载气由载气钢瓶供给,经减压阀降压后,由针形稳压阀调节到所需流速,经净化干燥管净化后得到稳定流量的载气;载气流经汽化室,将汽化后的样品带入色谱柱进行分离;分离后的各组分先后进入检测器;检测器按物质的浓度或质量的变化转变为一定的电信号,经放大后在记录仪上记录下来,得到色谱流出曲线。根据色谱流出曲线上各峰出现的时间,可进行定性分析;根据峰面积或峰高的大小,可进行定量分析。

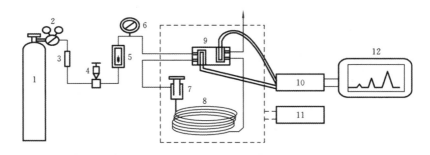

1. 载气钢瓶；2. 减压阀；3. 净化干燥管；4. 针形稳压阀；5. 流量计；6. 压力表；7. 进样室；8. 色谱柱；9. 热导检测器；10. 放大器；11. 温度控制器；12. 记录仪

图4-8　气相色谱流程示意图

4.4.2 气相色谱仪的结构

气相色谱仪(Gas Chromatographic Instrument)的主要结构包括载气系统、进样系统、分离系统(色谱柱)、温度控制系统以及检测和记录放大系统。

(1)载气系统

载气系统包括气源、净化干燥管和载气流速控制装置。

①气源。常用的载气有：H_2、N_2、He和Ar。

②净化干燥管。其作用是去除载气中的水、有机物等杂质(依次通过分子筛、活性炭等)。

③载气流速控制装置。它包括压力表、流量计、针形稳压阀，其作用是控制载气流速恒定。

(2)进样系统

进样系统包括进样器(可分为气体进样器和液体进样器)和汽化室两部分。

①气体进样器(六通阀)。有推拉式和旋转式两种。试样首先充满定量管，切入后，载气携带定量管中的试样气体进入分离柱。

②液体进样器。一般使用不同规格的专用微量注射器。填充柱色谱常用10 μL，毛细管色谱常用1 μL。新型仪器带有全自动液体进样器，清洗、润洗、取样、进样、换样等过程自动完成，一次可放置数十个试样。

③汽化室。将液体试样瞬间汽化的装置。汽化室热容量要大，温度要足够高，而且无催化作用。

(3)分离系统(色谱柱)

色谱柱是色谱仪的核心部件，其作用是分离样品中各组分。色谱柱主要有两类：填充柱和毛细管柱。

①填充柱。它由不锈钢或玻璃材料制成，内装固定相，内径一般为2~4 mm，长度为1~3 m。填充柱的形状有U形和螺旋形两种。柱填料一般采用粒度为60~80目或80~100目的色谱固定相。

②毛细管柱，又称空心柱。其材料可以是不锈钢、玻璃或石英。毛细管柱渗透性好，传质阻力小，柱子可做到几十米长。与填充柱相比，毛细管柱分离效率高、分析速度快、样品用量小，但柱容量低，对检测器的灵敏度要求高，并且制备较难。

（4）温度控制系统

温度是色谱分离条件的重要选择参数，它直接影响色谱柱的选择性、检测器的灵敏度和稳定性。在色谱分析时，需要对汽化室、分离室、检测器三部分进行温度控制。色谱柱的温度控制方式有恒温和程序升温两种。对于沸点范围很宽的混合物，往往采用程序升温法进行分析。程序升温是指在一个分析周期内柱温随时间由低温向高温做线性或非线性的变化，以达到最佳分离效果。

（5）检测和记录放大系统

检测和记录放大系统通常由检测元件、放大器、显示记录三部分组成。被色谱柱分离后的组分依次进入检测器，按其浓度或质量随时间的变化，转化成相应的电信号，经放大后进行记录和显示，给出色谱流出曲线。

4.4.3 气相色谱检测器

气相色谱检测器是将载气里被分离的各组分的浓度或质量转换成电信号的装置。目前检测器的种类多达数十种，但常用的只有四五种。

根据检测原理的不同，可将所用检测器分为两类，即浓度型检测器和质量型检测器。浓度型检测器测量的是载气中通过检测器组分浓度瞬间的变化，检测信号值与组分的浓度成正比，如热导池检测器（Thermal Conductivity Detector，TCD）和电子捕获检测器（Electron Capture Detector，ECD）。质量型检测器测量的是载气中某组分进入检测器的质量流速变化，即检测信号值与单位时间内进入检测器组分的质量成正比，如氢火焰离子化检测器（Flame Ionization Detector，FID）。也可根据其检测范围分为通用型检测器和选择性检测器。通用型检测器要求适用范围广；选择性检测器要求选择性好。

一个优良的检测器应具有的性能指标是：灵敏度高、检出限低、死体积小、响应迅速、线性范围宽和稳定性好。

（1）检测器性能评价指标

①灵敏度 S。

检测器的灵敏度也称响应值或应答值，其物理意义与测量仪器是一样的，即输入单位被测组分时所引起的输出信号。实验表明，一定浓度或质量的组分进入检测器，产生一定的响应信号 E。在一定范围内，信号 E 与进入检测器的物质质量 m 呈线性关系。若以进样量 m 对响应信号 E 作图，可得到一条通过原点的直线。直线的斜率就是检测器的灵敏度 S。因此，灵敏度可定义为信号 E 对进入检测器的组分质量 m 的变化率，其表达式为：

$$S \overset{\text{def}}{=} \frac{\Delta E}{\Delta m} \tag{4-35}$$

S 表示单位质量的物质通过检测器时，产生的响应信号的大小。S 值越大，检测器的灵敏度也就越高。检测信号通常显示为色谱峰，则响应值也可以由色谱峰面积 A 除以试样质量 m 求得，即

$$S = \frac{A}{m} \tag{4-36}$$

对于浓度型的检测器，ΔE 的单位取 mV，Δm 的单位取 mg/mL，灵敏度符号用 S_c 表示，其单位

是 mV·mL/mg。可用下式计算仪器的灵敏度。

$$S_c = \frac{C_1 C_2 F_0 A}{m} \qquad (4-37)$$

式中:C_1 为记录仪的灵敏度,mV/cm;C_2 为记录仪的走纸速度的倒数,min/cm;A 为峰面积,cm^2;F_0 为柱出口处流动相的流速,mL/min;m 为进入检测器组分的质量,mg。

对于质量型检测器,ΔE 的单位取 mV,Δm 的单位取 mg/s,灵敏度符号用 S_m 表示,其单位是 mV·s/mg。可用下式计算仪器的灵敏度。

$$S_m = \frac{60 C_1 C_2 A}{m} \qquad (4-38)$$

式中:各符号的意义同前,为了将 C_2 的单位 min/cm 换成 s/cm,所以乘以 60。应该注意,S 的单位还可以是 mV·s/g,这时 m 的单位应用 g。

②检出限 D。

检测器的灵敏度只能反映出检测器对某物质产生的响应信号的大小,并没有反映出检测器本身的噪声。所谓噪声,是指在没有试样通过检测器的基线的波动范围,即图4-9中的 R_N。检测器的输出信号可由电子放大器放大,这时检测器的噪声也同样被放大。所以检测器质量的好坏,不仅要看其灵敏度的高低,而是还要看其检出限的大小。检测限(D)定义为:检测器恰能产生 3 倍噪声($3R_N$)时,单位时间(s)引入检测器的样品量(mg)或单位体积(mL)载气中所含的样品量。

浓度型检测器的检出限为

$$D_c = \frac{3R_N}{S_c} \qquad (4-39)$$

D_c 的物理意义是指每毫升载气中含有恰好能产生 3 倍于噪声的信号时溶质的毫克数。

质量型检测器的检出限为

$$D_m = \frac{3R_N}{S_m} \qquad (4-40)$$

D_m 的物理意义是指恰好能产生 3 倍于噪声的信号时,每秒钟通过检测器的溶质的毫克数。

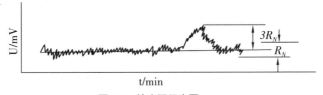

图4-9　检出限示意图

无论哪种检测器,检出限都与灵敏度成反比,与噪声成正比。检出限不仅取决于灵敏度,而且受限于噪声,所以它是衡量检测器性能的综合指标。一般来说,D 越小,说明该检测器越灵敏。

③最小检测量 Q_{min}。

最小检测量(Q_{min})是指检测器响应值为 3 倍噪声时所需的试样浓度(或质量)。最小检测量和检出限是两个不同的概念。检出限只用来衡量检测器的性能,而最小检测量不仅与检测器性能有关,还与色谱柱柱效及色谱操作条件有关。

浓度型检测器的 Q_{min} 由式(4-41)计算,质量型检测器的 Q_{min} 由式(4-42)计算。

$$Q_{min} = 1.065 Y_{1/2} F_0 D \qquad (4-41)$$

$$Q_{\min} = 1.065 Y_{1/2} D \tag{4-42}$$

检出限和最小检出量是两个不同的概念:检出限只与检测器的性能有关;最小检出量不仅与检测器的性能有关,还与色谱柱的柱效及操作条件有关。

④线性范围。

检测器的线性范围,是指响应信号与被测组分浓度之间保持线性关系的范围,其具体定义为检测器的响应在线性范围内,最大允许进样量与最小进样量(即最小检出量)之比,或被测物质的最大浓度(或量)与最低浓度(或量)之比。其值越大,线性范围就越好。

因此,一个理想的色谱检测器应具备如下特点:灵敏度高,线性范围宽,噪声低,检出限低,死体积小,响应快,并对各类物质均有响应。

⑤响应时间。

响应时间是指进入检测器的某一组分的输出信号达到其值63%所需的时间,一般小于1 s。

(2)常用检测器

①热导池检测器。

热导池检测器(TCD)是一种结构简单、性能稳定、线性范围宽、对无机及有机物质都有响应、灵敏度适中的检测器,因此在气相色谱法中广泛应用,属于通用型浓度检测器。

热导池检测器是根据各种物质和载气的导热系数不同,采用热敏元件进行检测的。桥路电流,载气,热敏元件的电阻值、电阻温度系数,池体温度等因素将影响热导池检测器的灵敏度。通常载气与样品的导热系数相差越大,灵敏度越高。一些气体100 ℃时的导热系数 λ 如表4-1所示。

表4-1　一些气体100℃下时的导热系数 $\lambda(\text{W}/(\text{m·℃}))$

气体	$\lambda \times 10^7$		气体	$\lambda \times 10^7$
氢气	224.3		甲烷	45.8
氦气	175.6		乙烷	30.7
氧气	31.9		丙烷	26.4
空气	31.5		甲醇	23.1
氮气	31.5		乙醇	22.3
氩气	21.8		丙酮	17.6

a. 热导池检测器的结构。热导池检测器由池体和热敏元件构成,结构如图4-10所示。池体一般用不锈钢制成。热敏元件用电阻率高、电阻温度系数大、价廉易加工的钨丝制成。热导池具有参考池(臂)和测量池(臂)。参考池(臂)仅允许纯载气通过,通常连接在进样装置前。测量池(臂)流过的是携带被分离组分的载气,通常连接在靠近分离柱出口处。

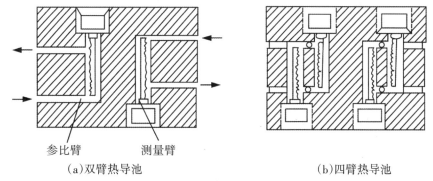

参比臂　　　　测量臂

（a）双臂热导池　　　　　　　（b）四臂热导池

图4-10　热导池结构示意图

b. 热导池检测器的工作原理。热导池检测器的工作原理如图4-11所示。

进样前，钨丝通电，加热与散热达到平衡后，两臂电阻值为$R_参=R_测$，$R_1=R_2$。则

$$R_参R_2 = R_测R_1$$

此时桥路中无电压信号输出，记录仪走直线（基线）。

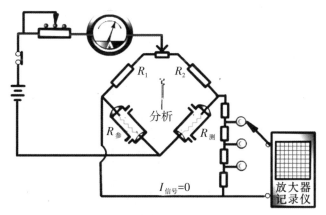

图4-11　热导池检测器工作原理示意图

进样后，载气携带试样组分流过测量池（臂），而此时参考池（臂）流过的仍是纯载气，试样组分使测量池（臂）的温度改变，引起电阻的变化。测量池（臂）和参考池（臂）的电阻值不等，产生电阻差，$R_参 \neq R_测$，则

$$R_参R_2 \neq R_测R_1$$

这时电桥失去平衡，两端存在着电位差，有电压信号输出。信号与组分浓度相关。记录仪记录下组分浓度随时间变化的峰状图形。

c. 影响热导池检测器灵敏度的因素。

第一，桥路电流I：桥路电流增大，钨丝的温度T升高，钨丝与池体之间的温差ΔT增大，有利于热传导，检测器灵敏度提高。检测器的响应值$S \propto I^3$，但稳定性下降，基线不稳，桥路电流太高时，还可能烧坏钨丝。

第二，池体温度T：池体温度与钨丝温度相差越大，越有利于热传导，检测器的灵敏度也就越高，但池体温度不能低于分离柱温度，以防止试样组分在检测器中冷凝。

第三,载气种类:载气与试样的导热系数相差越大,在检测器两臂中产生的温差和电阻差也就越大。检测灵敏度越高。载气的导热系数大,传热好,通过的桥路电流也可适当加大,则检测灵敏度进一步提高。从表4-1可看出,氢气的导热系数较大,是热导池检测器常用的载气。氦气也具有较大的导热系数,但价格较高。

②氢火焰离子化检测器。

氢火焰离子化检测器(FID)简称氢焰检测器。氢火焰离子化检测器具有结构简单、稳定性好、灵敏度高、响应迅速等特点,是目前常用的典型的质量型检测器,仅对有机化合物具有很高的灵敏度,对无机气体、水、四氯化碳等含氢少或不含氢的物质灵敏度低或不响应。与热导池检测器相比,灵敏度高出近3个数量级,检测下限可达10^{-12}。

a.氢火焰离子化检测器的结构。氢火焰离子化检测器主要部件是离子室,一般用不锈钢制成。在离子室的下部,有气体入口、火焰喷嘴、一对电极——发射极(阴极)、收集极(阳极)和外罩。氢火焰离子化检测器的结构如图4-12所示。在发射极和收集极之间加有一定的直流电压(100~300 V)构成一个外加电场。氢火焰离子化检测器需要用到三种气体:N_2作为载气携带试样组分;H_2作为燃气;空气作为助燃气。使用时需要调整三者的比例关系,使检测器灵敏度达到最佳。

b.氢火焰离子化检测器的工作原理。氢火焰离子化检测器的工作原理如图4-13所示。其中,A区为预热区,B区为火焰点燃区,C区为热裂解区(温度最高),D区为反应区。

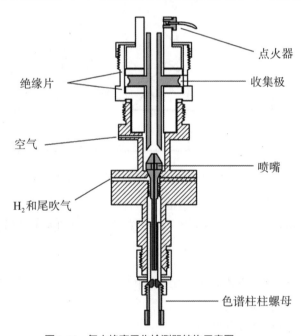

图4-12　氢火焰离子化检测器结构示意图

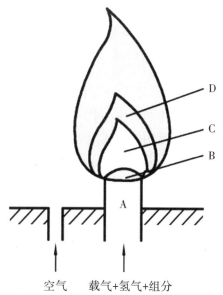

空气　　载气+氢气+组分

图4-13　氢火焰离子化检测器工作原理示意图

检测器工作步骤如下。

第一，当含有机物C_nH_m的载气由喷嘴喷出进入火焰时，在C区发生裂解反应产生自由基，反应式为

$$C_nH_m \rightarrow \cdot CH$$

第二，产生的自由基在D区火焰中与外面扩散进来的激发态原子氧或分子氧发生反应，反应式为

$$\cdot CH + O \rightarrow CHO^+ + e^-$$

第三，生成的正离子CHO^+与火焰中大量水分子碰撞而发生分子离子反应，反应式为

$$CHO^+ + H_2O \rightarrow H_3O^+ + CO$$

第四，化学电离产生的正离子和电子在外加恒定直流电场的作用下分别向两极定向运动而产生微电流(约$10^{-14} \sim 10^{-6}$A)。

第五，在一定范围内，微电流的大小与进入离子室的被测组分质量成正比，所以氢火焰离子化检测器是质量型检测器。

第六，组分在氢焰中的电离效率很低，大约五十万分之一的碳原子被电离。

第七，离子电流信号输出到记录仪，得到峰面积与组分质量成正比的色谱流出曲线。

c.影响氢火焰离子化检测器灵敏度的因素。

第一，各种气体流速和配比的选择。载气N_2的流速选择主要考虑分离效能，以N_2的流速为基准，N_2与H_2的最佳流速配比一般为$1:1 \sim 1:1.5$，氢气(H_2)与空气的配比一般为$1:10$。

第二，极化电压。正常极化电压选择在$100 \sim 300$ V范围内。

③电子捕获检测器。

电子捕获检测器(ECD)在应用上仅次于热导池检测器和氢火焰离子化检测器，是高选择性的浓度型检测器，仅对含有电负性(如卤素、磷、硫、氧)的官能团有很高的响应值，因为这些官能团对游离电子具有亲和力。能检测出含约10^{-14} g/mL电负性元素的物质，元素的电负性越强，检测器的灵敏度越高。而对不含电负性的元素官能团的物质如烃类、芳香烃等,则响应值很小或几乎没有响应。较多应用于农副产品、食品及环境中农药残留量的测定,及大气、水中的痕量污染物等的测量。电子捕获检测器是浓度型检测器,其线性范围较窄($10^2 \sim 10^4$),因此,在定量分析时应特别注意。

电子捕获检测器的结构如图4-14所示,目前多用圆筒状同轴电极型。在检测器的池体内装有一个圆筒状的β-放射源(^{63}Ni或^{3}H)作为负极,同筒中央的一个不锈钢棒为正极,在两极间施加一直流或脉冲电压,载气由极间通过,常用的载气为99.99%的高纯氮或氩。

当高纯氮载气进入检测器时,在放射源发射的β射线的作用下发生电离,生成游基(正离子)和慢速低能的自由电子:

$$N_2 \rightarrow N_2^+ + e$$

在正、负两极间施加一恒定的电压,使慢速电子和正离子向两极做定向流动,形成恒定的电流即基流,一般在$10^{-9} \sim 10^{-8}$A。当具有电负性的被测组分进入检测器时,它捕获了检测器内的慢速低能量自由电子而使基流降低,产生负信号并记录成倒峰。被测组分的浓度越高,倒峰就越大,组分中电负性元素的电负性越强,捕获电子的能力越大,倒峰也越大。被测组分本身(如AB)因捕获电子而转变成带负电荷的分子离子(AB^-)。它和载气电离产生的正离子(N_2^+)复合成中性化合物,被载气携出检测器。操作时,应注意在保证能收集到全部离子的情况下,两极间施加的电压越低越好,一般在50 v以内为宜。采用脉冲电压,将有利于取得较好的线性范围。

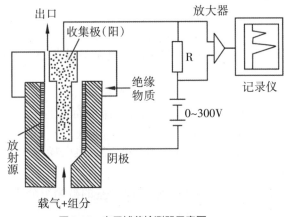

图4-14 电子捕获检测器示意图

④火焰光度检测器。

火焰光度检测器(FPD),又称硫、磷检测器。它是一种质量型检测器。对含磷、硫的有机化合物具有高选择性和高灵敏度。化合物中硫、磷在富氢火焰中被还原激发后,辐射出400 nm、550 nm左右的光谱,可被检测。检测器主要由火焰喷嘴、滤光片、光电倍增管构成,相当于一个简单的火焰光度计。其结构如图4-15所示。

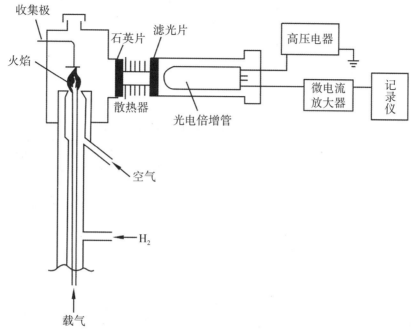

图4-15　火焰光度检测器示意图

当样品在富氢火焰($H_2:O_2>3:1$)中燃烧时,含硫有机化合物(RS)发生如下反应:

$$RS + 2O_2 \rightarrow SO_2 + CO_2$$
$$SO_2 + 2H_2 \rightarrow S + 2H_2O$$

在适当的温度下,生成具有化学发光性质的激发态分子(S_2^*):

$$S + S \xrightarrow{390\,℃} S_2^*$$

当激发(S_2^*)分子回到基态时,发射波长为394 nm的特征谱线。含磷化合物在富氢火焰中形成化学发光的HPO碎片,发射出波长为526 nm的特征谱线。通过测定它们的特征谱线强度,进行硫磷的测定。采用双光路火焰光度检测器,可以同时检测硫磷化合物。此外,若在火焰上方装一收集极,收集含碳有机化合物产生的离子流,则可检测含碳有机化合物。

在火焰光度检测器上,有机硫、磷的检测限比碳氢化合物低1万倍,因此可以排除大量的溶剂峰和碳氢化合物的干扰,非常有利于痕量磷、硫化合物的分析,但是火焰光度检测器在检测限和线性范围上都要比硫化学发光检测器差。火焰光度检测器广泛用于空气和水污染物、农药及煤的氢化产品等的分析。此外,在气相色谱仪中,应用火焰光度法还能检测其他元素,如卤素、氯、硒及铬等。

　　⑤热离子检测器。

热离子检测器(TID)又称是氮磷检测器,对氮、磷有高灵敏度。热离子检测器对磷原子的响应大约比对氮原子的响应大10倍,而比碳原子大$10^4\sim10^6$。热离子检测器对含磷、含氮化合物的检测灵敏度,比氢火焰离子化检测器分别大500倍和50倍。因此,热离子检测器可以测定痕量含氮和含磷有机化合物(如许多含磷的农药和杀虫剂),是一种高灵敏度、高选择性、宽线性范围的新型检测器。

热离子检测器的结构与氢火焰离子化检测器相似,只是在氢火焰离子化检测器的喷嘴与收集极之间加一个碱盐源。碱盐源是由硅酸铷或硅酸铯等制成的玻璃或陶瓷珠。珠体固定在一根约 0.2 mm 直径的铂金丝上，体积约为 1~5 mm³，用恒定电源加热或直接用火焰加热。加热原碱盐源形成一温度为 600~800 ℃ 的等离子体，含氮、磷化合物在受热分解时，受硅酸铷作用产生大量电子，信号强。

表 4-2 列出了几种常用检测器的性能。

表4-2　几种常用检测器的性能

	热导池检测器	氢火焰离子化检测器	电子捕获检测器	火焰光度检测器
灵敏度	10^4 mV·mL·mg^{-1}	10^{-2} C·g^{-1}	800 A·mL·g^{-1}	400 C·g^{-1}
检测限	$2×10^{-6}$ mg·mL-1	10^{-13} g·s^{-1}	10^{-14} g·mL^{-1}	10^{-11} g·s^{-1}(S)　10^{-12} g·s^{-1}(P)
最小检测浓度	0.1 μg·mL^{-1}	1 ng·mL^{-1}	0.1 ng·mL^{-1}	10 ng·mL^{-1}
线性范围	10^4	10^7	10^2~10^4	10^3
最高温度	500 ℃	~1 000 ℃	350 ℃(^{63}Ni)	270 ℃
进样量	1~40 μL	0.05~0.5 μL	0.1~10 ng	1~400 ng
载气流量/mL·min^{-1}	1~1 000	1~200	10~200	10~100
试样性质	所有物质	含碳有机物	多卤、亲电子物	硫、磷化合物
应用范围	无机气体、有机物	有机物痕量分析	农药、污染物	农药残留物及大气污染

4.5　气相色谱分析方法

气相色谱分析方法包括定性分析和定量分析两部分。

4.5.1 气相色谱定性鉴定方法

气相色谱定性鉴定方法就是利用保留值或者与其相关的值来判断每个色谱峰代表何种物质。一般情况下，不单独使用气相色谱定性鉴定，多与其他仪器方法或化学方法联合使用。

（1）利用纯物质定性的方法

①利用保留值定性。通过对比试样中具有与纯物质相同保留值的色谱峰，来确定试样中是否含有该物质及在色谱图中的位置。该法不适用于不同仪器上获得的数据之间的对比。

②利用加入法定性。将纯物质加入试样中，观察各组分色谱峰的相对变化。

（2）利用文献保留值定性的方法

利用相对保留值 r_{21} 定性。相对保留值 r_{21} 仅与柱温和固定液性质有关。在色谱手册中都列有各种物质在不同固定液上的保留数据，可以用来进行定性鉴定。

（3）利用保留指数定性的方法

保留指数又称为Kovats指数（I），是一种重现性较好的定性参数。测定方法是将正构烷烃作为标准，规定其保留指数为分子中碳原子个数乘以100（如正己烷的保留指数为600）。

其他物质的保留指数（I_x）是通过选定两个相邻的正构烷烃，其分子中分别具有Z和Z+1个碳原子。被测物质X的调整保留时间应在相邻两个正构烷烃的调整保留值之间，如图4-16所示。

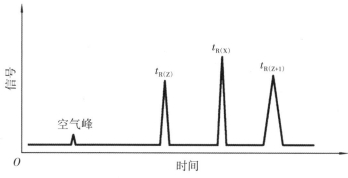

图4-16 保留指数测定示意图

由图4-16可知

$$t'_{R(Z+1)} > t'_{R(X)} > t'_{R(Z)}$$

I_x的计算公式如下：

$$I_X = 100\left(\frac{\lg t'_{R(X)} - \lg t'_{R(Z)}}{\lg t'_{R(Z+1)} - \lg t'_{R(Z)}} + Z\right) \tag{4-43}$$

（4）与其他分析仪器联用的定性方法

复杂组分经色谱柱分离为单组分，再利用质谱仪进行定性鉴定，这就是常说的色-质联用仪，包括气-质联用仪（GC-MS）和液-质联用仪（LC-MS）。如果是利用红外光谱仪进行定性鉴定，则称之为色谱-红外光谱联用仪，可以进行组分的结构鉴定。

4.5.2 气相色谱定量分析方法

在一定的色谱操作条件下，被测物质i的质量m_i或其在载气中的浓度c_i与进入检测器的响应信号E（色谱流出曲线上表现为峰面积A_i或峰高h_i）成正比，有

$$m_i = f_i A_i \tag{4-44}$$

这就是气相色谱定量分析方法的依据。由式（4-44）可知，气相色谱定量分析就是：①准确测量峰面积A_i；②准确求出比例常数f_i（称为定量校正因子）；③正确选用定量计算方法，将测得物质的峰面积换算成为质量分数。现分别讨论如下。

（1）峰面积A的测量

峰面积的测量直接关系到定量分析的准确度。色谱仪中色谱数据的记录通常由记录仪、积分仪或色谱工作站完成，其中积分仪和色谱工作站可自动采集数据和进行数据处理，给出峰面积测量结果，精度可达0.2%~2%，对小峰或不对称峰也能得出较准确的结果。

采用记录仪时，常用的简便峰面积手工测量方法有如下几种。

①峰高（h）乘半峰宽（$W_{1/2}$）法。当色谱峰为对称峰形时可用此方法，近似地将色谱峰当作等

腰三角形来计算面积。此法算出的峰面积是实际峰面积的0.94倍,实际峰面积应为

$$A = 1.064hW_{1/2} \tag{4-45}$$

②峰高(h)乘峰底宽度(W)法。这是一种作图求峰面积的方法。这种作图法测出的峰面积是实际峰面积的0.98倍,对矮而宽的峰更准确些。

③峰高(h)乘平均峰宽法。当色谱峰形不对称时,可在峰高0.15和0.85处分别测定峰宽,由式(4-46)计算峰面积。

$$A = \frac{h\left(W_{0.15} + W_{0.85}\right)}{2} \tag{4-46}$$

④峰高(h)乘保留时间法(t)。在一定操作条件下,同系物的半峰宽与保留时间成正比。对于难于测定半峰宽的窄峰、重叠峰(未完全重叠),可用此法测定峰面积。

$$A = hbt_{R} \tag{4-47}$$

(2)定量校正因子的计算

试样中各组分质量m_i与其色谱峰面积A_i成正比,$m_i=f_iA_i$,式中的比例系数f_i称为绝对定量校正因子,指单位面积对应的物质的质量,有

$$f_i = \frac{m_i}{A_i} \tag{4-48}$$

绝对定量校正因子f_i与检测器响应值S_i成倒数关系,有

$$s_i = \frac{1}{f_i} \tag{4-49}$$

式(4-49)说明f_i由仪器的灵敏度所决定,S和f只与试样、标准物质以及检测器类型有关,而与操作条件(如柱温、流动相流速、固定相性质等)无关,因而是一个能通用的常数,但不易准确测定和直接应用。定量分析工作中都是使用相对校正因子f'_i,即组分的绝对校正因子f_i,与标准物质的绝对校正因子f_s之比,见式(4-50)。常用的标准物质,对热导池检测器选择苯,对氢火焰离子化检测器选择正庚烷。使用相对校正因子f'_i时通常将"相对"二字省略。

$$f'_i = \frac{f_i}{f_s} = \frac{m_i/A_i}{m_s/A_s} = \frac{m_i}{m_s}\frac{A_s}{A_i} \tag{4-50}$$

根据被测组分使用的计量单位,将f'_i分为质量校正因子$f'_{i(m)}$(m_i、m_s以质量为单位)、摩尔校正因子$f'_{i(M)}$(m_i、m_s以物质的量为单位)和体积校正因子$f'_{i(V)}$(m_i、m_s以体积为单位)。

(3)几种常用的定量方法

由于实际测定中采用(相对)校正因子,因此不能直接使用式(4-45)计算被测组分的绝对量,而需要采用一定的定量计算方法计算其相对含量。常用的定量计算方法有归一化法、内标法和外标法三种。

①归一化法。当试样中有n个组分,各组分的量分别为$m_1,m_2,\cdots,m_n$,将试样中所有组分的含量之和按100%计算,求出c_i。

a.使用条件。仅适用于试样中所有组分全部出峰的情况。

b.计算公式为

$$c_i = \frac{m_i}{m_1 + m_2 + \cdots + m_n} \times 100\% = \frac{f'_i A_i}{\sum\limits_{i=1}^{n}\left(f'_i A_i\right)} \times 100\% \tag{4-51}$$

c.特点。归一化法简便准确,进样量的准确性和操作条件的变动对测定结果影响不大。

②外标法。外标法也称为标准曲线法。所谓外标法,就是比较在相同分析条件下被测组分的纯物质与试样分析所得峰面积或峰高来进行定量的方法。通常的做法是将被测组分的纯物质用合适的溶剂稀释,配制成一系列浓度的标准溶液,取固定体积的标准溶液在同一分析条件下进行分析,测得峰面积A_i(峰高h_i),对$A_i(h_i)$-c_i作图得到标准曲线。分析试样时,取同样体积的试样进行分析,测得被测组分的峰面积A_i(峰高h_i),根据测定组分的A_i或h_i从标准曲线上求出。

a.使用条件。适用于大批量试样的快速分析。

b.特点。外标法不使用校正因子,准确性较高,对进样量的控制要求较高,操作条件变化对结果准确性影响较大。为了保证结果的准确性,需定时观察标准曲线有无变化。

③内标法。内标法是将一定量的纯物质m_s作为内标物加入已知量W的试样中,根据被测组分i(质量m_i)与内标物(质量m_s)在色谱图上相应峰面积的比,求出c_i。

a.使用条件。适用于只需测定试样中某几个组分,而且试样中所有组分不能全部出峰的情况。

b.计算公式为

$$\frac{m_i}{m_s} = \frac{f'_i A_i}{f'_s A_s}$$

$$m_i = m_s \frac{f'_i A_i}{f'_s A_s}$$

$$c_i = \frac{m_i}{W} \times 100\% = \frac{m_s \frac{f'_i A_i}{f'_s A_s}}{W} \times 100\% = \frac{m_s}{W} \frac{f'_i A_i}{f'_s A_s} \times 100\% \tag{4-52}$$

定量时一般以内标物为基准,即$f'_s = 1$。

c.内标物需满足的要求:

第一,试样中不含有该物质;

第二,加入内标物的量及性质与被测组分的量及性质比较接近;

第三,不与试样发生化学反应;

第四,出峰位置应位于被测组分附近,且无组分峰影响。

d.内标法的特点:

第一,准确性较高,操作条件和进样量的稍许变动对定量结果影响不大;

第二,每个试样的分析,都要进行两次称量,不适合大批量试样的快速分析;

第三,若将内标法中的试样取样量和内标物加入量固定,减少了称量样品的次数。适于工厂控制分析需要,此时式(4-52)简化为

$$c_i = \frac{A_i}{A_s} \times 常数 \tag{4-53}$$

这就是内标标准曲线法定量的依据。

4.5.3 气相色谱分离操作条件的选择

(1)固定相及其选择

在选择固定液时,一般按"相似相溶"的规律选择,在操作中,应根据实际情况考虑,一般来

说,有以下选择供参考。

①非极性试样一般选用非极性固定液。非极性固定液对样品的保留作用,主要靠色散力。分离时,试样中各组分基本上按沸点从低到高的顺序流出色谱柱。若样品中含有同沸点的烃类和非烃类化合物,则极性化合物先流出。

②中等极性的试样应首先选用中等极性固定液。在这种情况下,组分与固定液分子之间的作用力主要为诱导力和色散力。分离时组分基本上按沸点从低到高的顺序流出色谱柱,但对于同沸点的极性和非极性物,由于此时诱导力起主要作用,使极性化合物与固定液的作用力加强,所以非极性组分先流出。

③强极性的试样应选用强极性固定液。此时,组分与固定液分子之间的作用主要靠静电力,组分一般按极性从小到大的顺序流出,对含有极性和非极性的样品,非极性组分先流出。

④具有酸性或碱性的极性试样,可选用带有酸性或碱性基团的高分子多孔微球,组分一般按相对分子质量大小顺序分离。此外,还可选用极性强的固定液,并加入少量的酸性或碱性添加剂,以减小谱峰的拖尾现象。

⑤能形成氢键的试样。应选用氢键型固定液,如腈醚和多元醇固定液等。各组分将按形成氢键的能力大小顺序流出色谱柱。

⑥对于复杂组分,可选用两种或两种以上的混合液,配合使用,提高分离效果。

(2)固定液配比(涂渍量)的选择

固定液配比是固定液在载体上的涂渍量,一般指的是固定液与载体的配比。配比通常在5%~25%之间,配比越低,载体上形成的液膜越薄,传质阻力越小,柱效越高,分析速度也越快、配比较低时,固定相的负载量低,允许的进样量较小。分析工作中通常倾向于使用较低的配比。

(3)柱长和柱内径的选择

增加柱长对提高分离度有利(分离度及正比于柱长的平方 L^2),但组分的保留时间 t_R 将延长,且柱阻力也将增大,不便操作。

柱长的选用原则是在能满足分离目的的前提下,尽可能选用较短的柱,有利于缩短分析时间。填充色谱柱的柱长通常为1~3 m。可根据要求的分离度通过计算确定合适的柱长或通过实验确定合适的柱长。柱内径一般为3~4 cm。

(4)柱温的确定

首先应使柱温控制在固定液的最高使用温度(超过该温度,固定液易流失)和最低使用温度(低于此温度,固定液以固体形式存作)范围之内。

柱温升高,分离度减小,色谱峰变窄变高。柱温升高,被测组分的挥发度增大,即被测组分在气相中的浓度增大,K 减小,t_R 缩短,低沸点组分峰易产生重叠。

柱温降低,分离度增大,分析时间延长。对于难分离物质对,降低柱温虽然可在一定程度内使分离得到改善,但是不可能使之完全分离,这是由于两组分的相对保留值增大的同时,两组分的峰宽也在增加,当后者的增加速度大于前者时,两峰的交叠更为严重。

柱温一般选择在接近或略低于组分平均沸点时的温度。对于组分复杂、沸程宽的试样,通常采用程序升温。

(5)载气种类和流速的选择

①载气种类的选择。载气种类的选择应考虑三个方面:载气对柱效的影响、检测器要求及

载气性质。

载气相对分子质量大,可抑制试样的纵向扩散,提高柱效。载气流速较大时,传质阻力项将起主要作用,此时采用较小相对分子质量的载气(如H_2、He),可减小传质阻力,提高柱效。

热导池检测器使用导热系数较大的H_2是为了有利于提高检测灵敏度。而在氢火焰离子化检测器中,氮气仍是首选目标。在选择载气时,还应综合考虑载气的安全性、经济性及来源是否广泛等因素。

② 载气流速的选择。由图4-5可知存在最佳流速(u_{opt})。实际流速通常稍大于最佳流速,以缩短分析时间。u_{opt}的计算可由速率理论式(4-20)导出。

$$H = A + \frac{B}{u} + Cu$$

$$\frac{dH}{du} = -\frac{B}{u^2} + C = 0$$

$$u_{opt} = \sqrt{\frac{B}{C}} \tag{4-54}$$

(6)其他操作条件的选择

①进样方式和进样量的选择。液体试样采用色谱微量进样器进样,规格有1 μL,5 μL,10 μL等。进样量应控制在柱容量允许范围及检测器线性检测范围之内,进样时要求动作快、时间短。气体试样应采用气体进样阀进样。

②汽化室温度的选择。色谱仪进样口下端有一汽化室,液体试样进样后,在此瞬间被汽化。因此,汽化温度一般较柱温高30~70 ℃,同时应防止汽化温度太高造成试样分解。

4.6　毛细管气相色谱法

毛细管气相色谱法是采用高分离效能的毛细管柱分离复杂组分的一种气相色谱法。毛细管柱与填充柱相比在柱长、柱径、固定液液膜厚度、容量以及分离能力上都有较大的差别。毛细管柱是毛细管气相色谱仪的关键部件。

4.6.1 毛细管色谱柱的分类

毛细管柱通常以石英为材料拉制而成。为了提高毛细管柱的柔韧性,在拉制过程中于毛细管柱的外层涂上一层黄色的聚酰亚胺保护层,该保护层可耐温至330 ℃。当需要在更高温度下进行分析时,可采用金属材料,如铝、不锈钢等制作的毛细管柱。

毛细管柱的内径一般小于1 mm,按照制备方法的不同,可将毛细管柱分为填充型和开管型两大类。

(1)填充型

它分为填充毛细管柱(先在玻璃管内松散地装入载体,拉成毛细管后再涂固定液)和微型填充柱(与一般填充柱相同,只是径细,载体颗粒在几十到几百微米)。目前,填充毛细管柱已使用不多。

（2）开管型

按其固定液的涂渍方法不同,可分为以下几种。

①涂壁开管柱。将内壁预处理,再把固定液涂在毛细管内壁上。

②多孔层开管柱。在管壁上涂一层多孔性吸附剂固体微粒,不再涂固定液,实际是一种气固色谱开管柱。

③载体涂渍开管柱。为了增大开管柱内固定液的涂渍量,先在毛细管内壁涂一层载体(如硅藻土载体),在此载体上再涂固定液。

④交联型开管柱。采用交联引发剂,在高温处理下,把固定液交联到毛细管内壁上。目前,大部分毛细管属于此类型。

⑤键合型开管柱。将固定液用化学键合的方法键合到涂敷硅胶的柱表面或经表面处理的毛细管内壁上。由于固定液是化学键合的,大大提高了热稳定性。

4.6.2 毛细管色谱柱的特点

毛细管柱与填充柱相比有以下特点。

（1）柱效高

由于毛细管柱中没有填充固定相颗粒,速率方程中的涡流扩散项 A 为零,从而减小了色谱峰扩展,提高了单位柱长的柱效。毛细管柱的每米理论塔板数为 2 000~5 000,而填充柱的每米理论塔板数约为 1 000。另外,由于毛细管柱是中空的,载气流动阻力小,在最佳的载气线速下可以使用 100 m 以上的柱子,而柱前压力并不会太大。因此,一根长为 10~200 m 的毛细管柱,总柱效可达 10^5~10^6,分析能力比填充柱大为提高。

（2）相比(β)大,有利于实现快速分析

毛细管柱的相比很大(β 为 50~1 500),根据前面的计算公式,毛细管柱的容量因子 k 比填充柱小,出峰时间短。另外,由于固定液液膜薄(d_f),有利于降低速率方程中的液相传质阻力系数,加上空心柱的气阻很小,可以采用高的载气线性流速,而不会使柱效明显下降。因此,尽管毛细管色谱柱很长,亦可实现快速分析。

（3）柱容量小,允许进样量少

进样量取决于柱内固定液的含量。毛细管柱涂渍的固定液液膜厚度为 0.35~1.5 μm,固定液仅几十毫克,柱容量小,因此进样量不能太大,否则将导致过载而使柱效率降低,色谱峰扩展、拖尾。对液体试样,进样量通常为 10^{-3}~10^{-2} μL。故在进样时采用分流进样技术。

由于毛细管柱具有总柱效高、相比大、分析速度快等优点,它的出现为复杂混合物(如石油、天然产物、环境污染物以及生物样品)的分析开辟了广阔的前景。图 4-17 是在相同固定相的毛细管柱和填充柱上,对同一薄荷油试样分别进行分析得到的色谱图。由图可知,在填充柱上未能分离的物质在毛细管柱上得到了很好的分离。

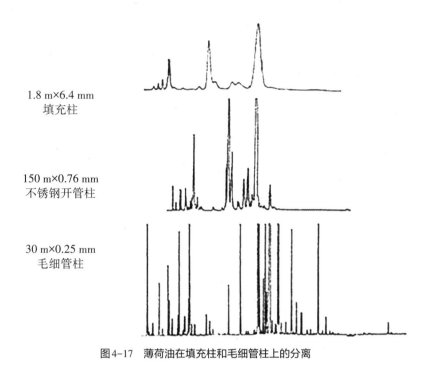

1.8 m×6.4 mm
填充柱

150 m×0.76 mm
不锈钢开管柱

30 m×0.25 mm
毛细管柱

图4-17 薄荷油在填充柱和毛细管柱上的分离

4.6.3 毛细管气相色谱法的进样技术

（1）分流进样

分流进样是毛细管气相色谱法中最常用的进样方式。分流比（放空样品量与进入毛细管柱中样品量之比）的大小应根据柱内径及样品浓度进行调节，通常为30∶1至500∶1。分流进样的优点是操作方便，死体积影响小，但载气消耗量大，进样器温度高（蒸发进样），不利于热稳定性差的试样分析。另外，分流进样会产生分流失真，即轻组分由于扩散系数大，导致分流比大，使得定量结果偏低，而重组分定量结果偏高。

（2）不分流进样

由于毛细管柱的允许进样量比较小，如果被测组分在试样中的浓度很低，采用分流进样可能导致组分无法检出，此时可使用不分流进样方式。不分流进样是指试样被注入汽化室后全部转移进毛细管柱中进行分离，这种进样方式可以在分流进样器上实施。进样时关闭分流阀，缓慢将大体积试样注入汽化室，经30~80 s，90%以上的试样迁移进色谱柱后，再打开分流阀，使汽化室中的残余试样随载气放空。

为了防止慢速、大体积的样品蒸气引起溶剂及被测组分的初始谱带展宽，程序升温的起始温度要低于溶剂沸点，使试样在柱头实现冷聚焦。所谓聚焦，是指当样品被引入温度比溶剂沸点低的柱入口时，样品中的溶剂首先沿载气方向在柱入口冷凝成一层临时性液膜（冷凝溶剂谱带），造成该区域的相比随液膜厚度增加而减小，从而使分配比明显增大。溶质蒸气在向前移动的过程中，前沿部分在溶剂膜上的保留较强，后部在一个相对薄的液膜上移动，保留小，移动比前沿部分快，最终被测组分谱带被压缩变窄。

无分流进样适合于极性大、沸点高于150 ℃的痕量组分分析。该方法的定量相对误差比分流法小,但线性比较差;需要使用耐溶剂冲洗的交联柱;如果对常量试样进行分析,要用适当的溶剂稀释试样。

(3)柱上进样

将试样由注射器针头直接送入色谱柱中,试样不需要蒸发。柱上进样的装置比较复杂,注射试样的针头为石英毛细管。柱上进样的主要优点是消除了样品失真,由于是冷进样,试样不会受热分解或重排,分析的精度很高,适于对定量结果要求较高的情况下使用。该方法的主要缺点是允许的最大进样量小,无法测定溶剂之前出来的色谱峰,色谱柱容易受到难挥发组分的污染等。

程序升温蒸发器(PTV)是近年来出现的一种多功能的进样装置,它可以实现汽化室的快速程序升温和冷却,完成程序升温的分流进样、不分流进样及柱上进样操作。由于这种进样器既可低温捕集试样,又可将样品快速汽化,完全消除了宽沸程样品的分流失真,可在汽化室实现对样品的浓缩;同时使不挥发物滞留在内衬管中,保护了毛细管柱。但该进样器价格较贵。

4.6.4 气相色谱仪的使用注意事项及日常维护

为了提高气相色谱仪的工作质量和延长仪器的使用寿命,应将其安装在合适的工作场所。

(1)安装环境及要求

①室内环境温度应在15~35 ℃。

②相对湿度<85%。

③室内应无腐蚀性气体,仪器及气瓶3 m以内不得有电炉和火种。

④仪器应平放在稳定可靠的工作台上,周围不得有强震动源及放射源,工作台应有1 m以上的空间位置。

⑤电网电源应为220 V(进口仪器必须根据说明书的要求提供合适的电压),电源电压的变化应为5%~10%,电网电压的瞬间波动不得超过5 V。电频率的变化不得超过50 Hz的1%(进口仪器必须根据说明书的要求提供合适的电频率)。采用稳压器时,其功率必须大于使用功率的1.5倍。

⑥有的气相色谱仪要求有良好的接地,接地电阻必须满足说明书的要求。

⑦室内通风良好。

(2)日常维护

①气路。气路的检查在故障的排除中往往十分有效,主要是检查:

a.气源是否充足(一般要求气瓶压力必须≥3 MPa,以防瓶底残留物对气路的污染);

b.阀是否有堵塞,气路是否有泄漏(采用分段憋压试漏或用皂液试漏);

c.净化器是否失效(看净化器的颜色及色谱基流稳定情况);

d.阀件是否失效或堵塞(看压力表及阀出口流量);

e.汽化室内衬管是否有样品残留物及隔垫和密封圈的颗粒物(看色谱基流稳定情况);

f.喷口是否堵塞(看点火是否正常);

g.对敏感化合物的分析,汽化室的衬管和石英玻璃毛还必须经过失活处理。

②色谱柱系统。色谱柱系统的使用需注意以下几个方面:

a.新制备或新安装的色谱柱使用时必须在进样前进行老化处理;

b. 色谱柱暂时不使用,应将其从仪器上拆下,在柱两端套上不锈钢螺帽,以免柱头被污染;

c. 每次关机前应将柱温降到50 ℃以下,一般为室温,然后再关电源和载气;

d. 对于毛细管柱,使用一段时间后,柱效往往会大幅度降低,表明固定液流失太多,有时也可能只是由于一些高沸点的极性化合物的吸附而使色谱柱失去分离能力,这时可以在同温下老化,用载体将污染物冲洗出来。

5 高效液相色谱法

5.1 高效液相色谱法概述

5.1.1高效液相色谱法的特点

液相色谱法作为一项古老的色谱技术,是指流动相为液体的色谱技术。由于分析速度慢,分离效能也不高,加之缺乏合适的检测技术,液相色谱法的发展很缓慢。20世纪60年代中期,人们从气相色谱法的高速和高灵敏度上得到启发,在经典液相色谱法的基础上,采用高压泵,加快液相色谱法中液体流动相的流动速率;改进固定相,以提高柱效;采用高灵敏度检测器,从而实现了分析速度快、分离效能高和操作自动化。经典的液相色谱法便发展成高效、高速、高灵敏度的液相色谱法,称为高效液相色谱法(High Performance Liquid Chromatography,HPLC)。根据分离机理的不同,可用做液固吸附、液液分配、离子交换、空间排阻色谱及亲和色谱分析等,故应用非常广泛。

与其他仪器分析技术相比,高效液相色谱法具有以下几个突出的特点。

(1)高压

液相色谱法以液体作为流动相,液体流经色谱柱时,受到的阻力较大,即柱的入口与出口处具有较高的压力降。液体要快速通过色谱柱,需对其施加高压。在现代液相色谱法中流动相的柱前压力可达$(150\sim350)\times10^5$ Pa,这对于输送高压液体的泵、色谱柱、色谱填料(色谱固定相)及整个流路系统的耐压指标都提出了很高的要求。

(2)高速

由于采用高压泵输送流动相,极大提高了液体流动相在色谱柱内的流速,一般可达1~10 mL/min,使得高效液相色谱法所需的分析时间比经典液相色谱法少得多,一般少于1 h,而若采用经典液相色谱法,则往往需要十几个小时。

(3)高效

由于近年来研究出了许多新型固定相,在满足系统耐压要求的同时,使分离效能大大提高,约达每米30 000块塔板,而气相色谱的分离效能则一般仅为每米2 000块塔板。

(4)高灵敏度

高效液相色谱法广泛采用高灵敏度的检测器,从而进一步提高了分析的灵敏度。如荧光检

测器的灵敏度可达 10^{-11} g,微升数量级的试样就足可进行分析,极大地减少了分析时所需试样量。

5.1.2 高效液相色谱法与气相色谱法的比较

(1)高效液相色谱法与气相色谱法的共同点

气相色谱法具有分离效果好、灵敏度高、分析速度快、操作方便等优点,与高效液相色谱法相比,两者具有如下主要共同点。

①气相色谱的理论基本上也适用于高效液相色谱,如塔板理论、保留值、分配系数、分配比、速率理论等均可应用于高效液相色谱。仪器结构和操作技术也基本相似,均兼具分离和分析功能,均能在线检测。

②定性、定量的原理和方法完全一样。高效液相色谱法也是根据保留值定性,根据峰高或峰面积定量。

③高效液相色谱与气相色谱一样,可与其他分析仪器联用,用以研究复杂的混合物。

(2)高效液相色谱法与气相色谱法的不同点

高效液相色谱法与气相色谱法在分析对象、流动相及操作条件等方面仍存在如下差别。

①分析对象。由于受技术条件的限制,沸点太高的物质或热稳定性差的物质都难应用于气相色谱法。而高效液相色谱法则只要求试样能够制成溶液,而不需要汽化,因此不受试样挥发性的限制。对于高沸点、热稳定性差、相对分子质量大、难汽化的有机物(约占有机物总数的75%~80%),原则上都可用高效液相色谱法来进行分离、分析。对于要求柱效达10万块理论塔板数以上的、组成复杂的石油样品,受热易分解、变性的生物活性样品,只能应用高效液相色谱法,而不能使用气相色谱法进行分析。

②流动相。气相色谱法的流动相为气体,主要起携带组分流经色谱柱的作用,待分离组分几乎不与流动相发生相互作用。对于高效液相色谱法而言,流动相的种类较多且选择余地广,组分与流动相有相互作用,流动相的极性、pH值等的选择也会对分离起重要作用。可选用两种或两种以上液体作为流动相,从而为提高柱的选择性、改善分离效能增加可调控条件。

③操作条件及仪器结构。气相色谱法通常采用程序升温或者恒温加热的操作方式实现不同物质的分离,而高效液相色谱法则通常在室温下采取高压的操作方式以克服液体流动相带来的高阻力。与之相适应,高效液相色谱仪的色谱柱通常不需用恒温箱,而且为了提高分离效能,常配有梯度洗脱装置。

5.2 高效液相色谱法分析理论

高效液相色谱法的基本概念及理论基础,与气相色谱法是大致相同的,但有其不同之处,液相色谱法的流动相是液体,而气相色谱法的流动相是气体。液体和气体的性质有明显的差别。如液体的扩散系数比气体约小 10^5 倍;液体黏度比气体约大 10^2 倍,密度比气体约大 10^3 倍。这些性质的差别影响溶质在液相色谱柱中的扩散和传质过程,显然将对色谱分析过程产生影响。因此,液相色谱法的速率理论和气相色谱法的速率理论不完全相同。

5.2.1 高效液相色谱法的速率理论

根据速率理论,对高效液相色谱分离条件的影响讨论如下。

(1)涡流扩散项 H_e

$$H_e = 2\lambda d_p \tag{5-1}$$

其含义与气相色谱法的相同。

(2)纵向扩散项 H_d

当试样分子在色谱柱内随流动相向前移动时,由分子本身运动所产生的纵向扩散同样导致色谱峰的扩展。它与分子在流动相中的扩散系数 D_m 成正比,与流动相的线速度 u 成反比,则

$$H_d = \frac{C_d D_m}{u} \tag{5-2}$$

式中: C_d 为一常数,由于分子在液体中的扩散系数比在气体中小 4~5 个数量级,因此当流动相的线速度大于 0.5 cm/s 时,纵向扩散项对色谱峰扩展的影响实际上是可以忽略的,而气相色谱中这一项却是重要的。

(3)传质阻力项

液相色谱中的传质阻力项可分为固定相传质阻力项和流动相传质阻力项。

①固定相传质阻力项 H_s。

$$H_s = \frac{C_s d_f^2}{D_s} u \tag{5-3}$$

式中: C_s 是与 k(容量因子)有关的系数。试样分子从流动相进入固定液内进行质量交换的传质过程,取决于固定液的液膜厚度 d_f 和试样分子在固定液内的扩散系数 D_s。

②流动相传质阻力项。分子在流动相中的传质过程有两种形式,即在流动的流动相中的传质和在滞留的流动相中的传质。

a. 流动的流动相中的传质阻力项 H_m。流动相在色谱柱内的流速并不是均匀的,因为靠近填充物颗粒的流动相的流动要稍慢些,即靠近固定相表面的试样分子走的距离要比中间短些,这种引起塔板高度变化的影响与固定相粒度 d_p 的平方和流动相的线速度 u 成正比,与试样分子在流动相中的扩散系数 D_m 成反比,则

$$H_m = \frac{C_m d_p^2}{D_m} u \tag{5-4}$$

式中: C_m 是 k 的函数,其值取决于柱直径、形状和填充的填料结构,当柱填料规则排布并紧密填充时, C_m 降低。

b. 滞留的流动相中的传质阻力项 H_{sm}。由于固定相的多孔性,造成某部分流动相滞留在固定相的微孔内,流动相中的试样分子与固定相进行质量交换,必须先从流动相扩散到滞留区。如果固定相的微孔既小又深,此时传质速率就慢,对色谱峰的扩展影响就大,这种影响在传质过程中起着主要作用。 H_{sm} 表示为

$$H_{sm} = \frac{C_{sm}d_p^2}{D_m}u \tag{5-5}$$

式中：C_{sm}是与颗粒微孔中被流动相所占据部分的分数及k有关的常数。固定相的颗粒越小，它的微孔孔径越大，传质途径就越少，传质速率也越大，因而柱效越高。由于滞留区传质与固定相的结构有关，所以改进固定相就成为提高液相色谱柱效能的一个重要因素。

综上所述，由于柱内色谱峰扩展所引起的塔板高度的变化可归纳为

$$H = 2\lambda d_p + \frac{C_d D_m}{u} + \left(\frac{C_s d_f^2}{D_s} + \frac{C_m d_p^2}{D_m} + \frac{C_{sm}d_p^2}{D_m} \right)u \tag{5-6}$$

式(5-6)可进一步简化为

$$H = A + \frac{B}{u} + Cu \tag{5-7}$$

式(5-7)与气相色谱法的速率方程是一致的，只是影响柱效的主要因素是传质项，而纵向扩散项可忽略不计。要提高液相色谱法的分离效能，必须提高柱内填料装填的均匀性、减小粒度、使用低黏度的流动相或适当提高柱温以降低流动相黏度，从而增大传质速率。其中减小粒度是提高柱效能的最有效途径。但同时必须注意，提高柱温将降低色谱峰分辨率，减小流动相的流速虽然可以降低传质阻力项的影响，但会使纵向扩散增加并延长分析时间。可见，色谱分析过程是一个复杂的过程，各种因素相互影响又互相制约。

图5-1表示典型的气相色谱法和液相色谱法的$H-u$曲线，由图可见，两者的形状很不相同。如前所述，气相色谱法的曲线是一条抛物线，有一个最低点(最佳流速)；液相色谱法则是一段斜率不大的直线，这是因为分子扩散项对H值实际上已不起作用。

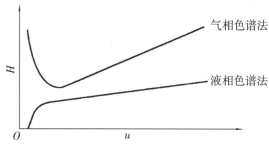

图5-1　气相色谱法和液相色谱法的典型的$H-u$曲线

5.2.2 高效液相色谱的柱外展宽

影响色谱峰扩展的因素除上述的以外，对于液相色谱法，还有其他一些因素，如柱外展宽(超柱效应)的影响等。所谓柱外展宽，是指色谱柱外各种因素引起的峰扩展，具体可分为柱前展宽和柱后展宽。

柱前展宽主要由进样所引起。液相色谱进样方式，大都是将试样注入色谱柱顶端滤塞上或注入进样器的液流中。这种进样方式，由于进样器的死体积，以及进样时液流扰动引起的扩展，造成了色谱峰的不对称和展宽。若将试样直接注入色谱柱顶端填料上的中心点，或注入填料中心之内1~2 mm处，则可减少试样在柱前的扩散，峰的不对称性得到改善，柱效显著提高。

柱后展宽主要由接管、检测器流通池体积所引起。由于分子在液体中有较低的扩散系数,因此在液相色谱法中,这个因素要比在气相色谱法中更为显著。为此,连接管的体积,检测器的死体积应尽可能小。

5.3　高效液相色谱法的主要类型

根据分离机制的不同,高效液相色谱法可分为下述几种主要类型:液-液分配色谱法、液-固色谱法、离子交换色谱法、离子对色谱法、离子色谱法和尺寸排阻色谱法等。

5.3.1 液-液分配色谱法

液-液分配色谱法的流动相和固定相都是液体。从理论上说。流动相与固定相之间应不互溶,试样溶于流动相后,由于试样组分在固定相和流动相之间的相对溶解度存在差异,因而溶质在两相之间进行分配。

若按照固定相与流动相之间相对极性的不同,液-液分配色谱法又可分为正相色谱法和反相色谱法。

(1)正相色谱法

正相色谱法是指采用极性固定相(如硅胶、三氧化二铝以及载有醇基、氨基和氰基的固定相)、非极性流动相的一种操作模式,这是一种根据分子的极性大小将其分离开来的液相色谱技术。最常用的填料是极性较强的硅胶,三氧化二铝也常使用。流动相一般以正己烷或环己烷等非极性溶剂作为基础溶剂。在正相色谱法中,样品分子与载体基质的基团产生特异的相互作用,与固定相发生强极性相互作用的极性样品分子将较难被洗脱,在柱内停留较长的时间。反之,极性较弱或非极性分子与硅胶之间的相互作用相对较弱,因而在柱内停留的时间较短。因此,正相色谱法是根据溶剂极性差别达到分离目的的。

正相色谱法通常用来分离中性和离子(或可电离的)化合物,并以中性样品为主。采用正相色谱法分离离子样品时可在流动相中使用水;分离碱性化合物时应在流动相中加入三乙胺;分离酸性化合物时加入乙酸或甲醛。中性样品采用反相色谱法和正相色谱法分离的效果相当,其主要差别在于两种方法的洗脱顺序相反。在正相色谱法中弱极性(疏水的)化合物先洗脱,强极性(亲水的)化合物后洗脱;而在反相色谱法中恰恰相反。在实际工作中,正相色谱法适用于以下几类样品的分离分析:①反相色谱法很难分离的异构体可采用以硅胶为固定相的正相色谱法分离分析;②根据被分离样品的极性差别进行族类分析;③易于水解样品的分离分析;④极性有机溶液中溶解度很小的高脂溶性样品的分离分析。通常正相色谱法主要用于分离甾醇类、类脂化合物、磷脂化合物、脂肪酸及其他有机物。

(2)反相色谱法

反相色谱法与正相色谱法相反,是以非极性表面的载体为固定相,以比固定相极性强的溶剂系统为流动相的一种液相色谱分离模式。反相色谱法固定相也多以硅胶为基质,但通常在其表面将各种不同疏水基团通过化学反应键合到硅胶表面的游离羟基上(如在其上键合C_{18}烷基的非极性固定相,则成为C_{18}柱),样品中的不同组分和这些疏水基团之间有不同的疏水作用,极性较强或亲水的样品分子和反相柱中的载体间的相互作用较弱,因此较快流出;反之,疏水性相对较强的分子和基质间存在较强的相互作用,在柱内保留的时间相对较长。

反相色谱法是目前液相色谱分离模式中使用最为广泛的一种分离分析模式,这是因为在流动相组成改变的情况下,有机强极性溶剂能够迅速在固定相表面达到平衡,因此特别适合于改变流动相的梯度洗脱。另外,在反相色谱法中,溶质在固定相上的保留是基于分子间的非特异性疏水的相互作用。由于所有的有机化合物都存在疏水基团(能够与固定相产生相互作用),因此反相色谱法成为理想的、普遍适用的分析方法。反相色谱法适于分离分析同族化合物,带有支链的化合物比其直链同族化合物更不易保留。

在反相色谱法中,通常以极性较强的水、甲醇、乙腈为流动相,因此与正相色谱法相比,也更适于分离分析那些既不溶于有机溶剂又会与极性固定相产生强烈相互作用的极性化合物。在对于生物大分子、蛋白质及酶的分离分析方面,反相色谱法正受到越来越多的关注,从一般小分子有机物到药物、农药、氨基酸、低聚核苷酸、肽及蛋白质等均可使用反相色谱法。

在色谱分离过程中,由于固定液在流动相中仍有微量溶解,以及流动相通过色谱柱时的机械冲击,固定液会不断流失而导致保留行为的变化、柱效和分离选择性变坏等不良后果。为了更好地解决固定液从载体上流失的问题,将各种不同有机基团通过化学反应共价键合到载体(如硅胶)表面的游离羟基上,代替机械涂渍的液体固定相,从而产生了化学键合固定相,为色谱分离开辟了广阔的前景。自20世纪70年代以来,液相色谱法有70%~80%是在化学键合固定相上进行的。它不仅用于反相色谱法、正相色谱法,还部分用于离子交换色谱法、离子对色谱法等色谱技术上。

5.3.2 液–固色谱法

液–固色谱法的流动相为液体,固定相为吸附剂,也称为吸附色谱法,是液相色谱法中最先发展起来的一种分离模式。它是根据物质吸附作用的不同来进行分离的,其作用机制是溶质分子X和溶剂分子S对吸附剂活性表面的竞争吸附。如果溶剂分子吸附性更强,则被吸附的溶质分子将相应减少。显然,分配系数大的组分,吸附剂(固定相)对它的吸附力强,保留值就大。

液–固色谱法使用的固定相主要是多孔物质,如硅胶、氧化铝、硅藻土等,其中前两种最为广泛,硅胶约占70%,氧化铝约占20%。

液–固色谱法适用于分离中等相对分子质量(200~2 000),且能用于非极性或中等极性溶剂(如己烷、二氯甲烷、氯仿或乙醚)的脂溶性样品的分离,特别是在同族分离和同分异构体的分离中有独特的作用。凡能用薄层色谱法成功进行分离的化合物,也可用液–固色谱法进行分离。其缺点是由于非线性等温吸附常引起峰的拖尾现象。

5.3.3 离子交换色谱法

离子交换色谱法分离原理和所用的固定相、流动相、检测器与其他类型的液相色谱模式有所不同。离子交换色谱法在化工、医药、生化、冶金、食品等领域获得了广泛的应用,也受到了人们的普遍关注。蛋白质的离子交换色谱分离已被生物化学家使用许多年了,至今仍是很受欢迎的一种方法。其原因在于离子交换色谱法的介质材料,以及含盐的缓冲流动相系统都十分类似于蛋白质稳定存在的生理条件,有利于增加活性回收率。生物大分子和离子交换固定相之间的相互作用主要是静电作用,可导致介质表面的可交换离子与带相同电荷的蛋白质分子发生交换。

离子交换剂是一类带有离子交换功能基团的固体色谱填料,是在交联的高分子骨架上结合解离的无机基团。在离子交换反应中,离子交换剂的本体结构不发生明显的变化,而其上带有的离子与外界同电性的离子发生等物质的量的离子交换。目前,使用最广泛的离子交换剂是以交联的有机聚合物为骨架(基质),在聚合物链上带有离子交换功能基团的离子交换树脂。近年来以硅胶为介质的各种键合型离子交换剂的应用越来越广,一般由薄壳型或全多孔球型微粒硅胶表面键合上各种离子交换基团制成。如树脂上面键合 $-SO_3^-$ 基团(树脂 $-SO_3H$),则表示其表面的可交换基团为 H^+,样品组分中若有带有正电荷的离子(如 Na^+、Ca^{2+} 等,如图 5-2 所示),则因其与树脂上面 $-SO_3^-$ 基团发生正、负电荷相互吸引,使得样品能与树脂上的 H^+ 发生阳离子交换而结合到树脂上。

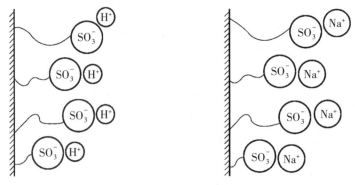

图5-2 阳离子交换示意图

样品中几种离子尽管均能与树脂发生离子交换而结合,但由于不同样品离子对于离子交换树脂所带电荷的结合力不同,在洗脱时可以借助逐渐升高离子浓度(即离子梯度)的方式(如图5-3),使结合力弱的离子先流出,而结合力强的后洗脱,从而实现样品的分离。离子交换色谱的分离过程主要基于被分离组分静电作用力的差异,对于疏水性较大的离子,尤其是有机离子的分离效果不很理想。

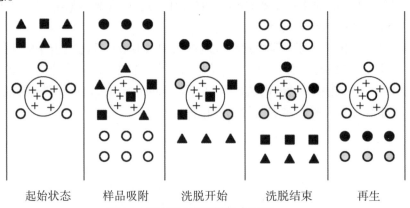

起始状态　　　样品吸附　　　洗脱开始　　　洗脱结束　　　再生

图5-3 阴离子交换分离样品示意图

5.3.4 离子对色谱法

各种强极性的有机酸、有机碱的分离分析是液相色谱法中的重要课题。利用吸附或分配色谱法一般需要强极性的洗脱液，并容易发生严重的拖尾现象。利用离子交换色谱法需要选择合适的pH值条件。若利用离子对色谱法，则分离效能高、分析速度快、操作简便。因此，近年来这种方法已逐渐取代了离子交换色谱法，发展十分迅速。

离子对色谱法是将一种（多种）与溶质分子电荷相反的离子（称为对离子或反离子）加到流动相或固定相中，使其与溶质离子结合形成离子对化合物，从而控制溶质离子的保留行为的一种分离技术。在色谱分离过程中，流动相中待分离的有机离子X^+（也可以是带负电荷的离子）与固定相或流动相中带相反电荷的对离子Y^-结合，形成离子对化合物XY，然后在两相间进行分配。

$$X^+ \ + \ Y^- \ \underset{\longleftrightarrow}{\overset{K_{XY}}{}} \ XY$$
$$\text{水相} \quad \text{水相} \qquad \text{有机相}$$

K_{XY}是其平衡常数，有

$$K_{XY} = \frac{[XY]}{[X^+][Y^-]} \tag{5-8}$$

根据定义，溶质的分配系数D_X为

$$D_X = \frac{[XY]}{[X^+]} = K_{XY}[Y^-] \tag{5-9}$$

这表明，分配系数与水相中对离子Y^-的浓度和K_{XY}有关。离子对色谱法根据流动相和固定相的性质可分为正相离子对色谱法和反相离子对色谱法。在反相离子对色谱法（这是一种最为常用的离子对色谱法）中，采用非极性的疏水固定相（如十八烷基键合相），含有对离子Y^-的甲醇-水（或乙腈-水）溶液作为极性流动相。试样离子X^+进入柱内后，与对离子Y^-生成疏水性离子对XY。后者在疏水性固定相表面分配或吸附，对离子可在较大范围内改变分离的选择性。离子对色谱法，特别是反相离子对色谱法解决了以往难分离混合物的分离问题，诸如酸、碱和离子、非离子的混合物，特别是对一些生化样品（如核酸、核苷、儿茶酚胺、生物碱以及药物等）的分离。另外，还可借助离子对的生成给样品引入紫外吸收或发荧光的基团，以提高检测的灵敏度。

5.3.5 离子色谱法

1975年，Small等人创立了用电导检测器检测的新的离子交换色谱法——离子色谱法（Ion Chromatography, IC），实现无机和有机阴离子的快速分离和检测，很快便发展成为水溶液中阴离子分析的最佳方法。在这种方法中，以离子交换树脂为固定相，电解质溶液为流动相，用离子交换柱分离阴离子或阳离子，为消除流动相中强电解质背景离子对电导检测器的干扰，用抑制柱除去流动相离子。图5-4为典型的双柱型离子色谱仪流程示意图。

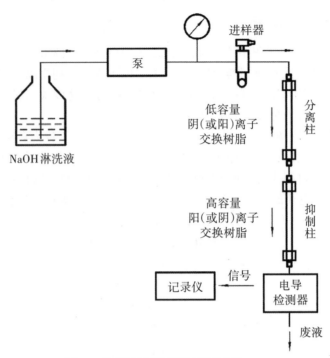

图5-4 双柱型离子色谱仪流程示意图

离子交换色谱法对无机离子的分析和应用受到限制。例如:对于那些不能采用紫外检测器的被测离子,如采用电导检测器,由于被测离子的电导信号被强电解质流动相的高背景电导信号淹没而无法检测。又如采用阴离子交换法检测水溶液中的 Br^-,有如下阴离子交换反应。

$$R - OH + NaBr = R - Br + NaOH$$

结合到色谱柱中树脂上的 Br^-,在洗脱时往往需换用更高浓度的 OH^-,洗脱过程中 OH^- 从分离柱的阴离子交换位置交换待测阴离子 Br^-。当待测阴离子从柱中被洗脱下来进入电导检测器时,要求能检测出洗脱液中电导值的改变。但洗脱液中 OH^- 的浓度要比试样中微量乃至痕量的 Br^- 大得多,因此,与洗脱液的电导值相比,由于试样离子进入洗脱液而引起电导值的改变就非常小,其结果是用电导检测器直接测定试样中阴离子的灵敏度极差。

为了解决这一问题,1975年Small等人在离子交换分离柱后加一根抑制柱,抑制柱中装填与分离柱电荷相反的离子交换树脂。使分离柱流出的洗脱液通过填充有高容量 H^+ 型阳离子交换树脂的抑制柱,则在抑制柱上将发生以下两个重要的交换反应:

$$R - H + NaOH = R - Na + H_2O$$
$$R - H + NaBr = R - Na + HBr$$

由此可见,从抑制柱中流出的洗脱液(NaOH)已被转变成电导值很小的水,消除了本底电导值的影响;试样阴离子则被转变成相应的酸,由于 H^+ 的离子浓度相当于7倍的 Na^+,这就大大提高了所测阴离子的检测灵敏度。同样在不能用紫外检测器的阳离子分析中,也有相似的反应。这种双柱型离子色谱法又称为化学抑制型离子色谱法。

如果选用低电导值的洗脱液作为流动相,如 $(1\sim5)\times10^{-4}$ mol/L的苯甲酸或邻苯二甲酸盐等稀溶液,不仅能有效地分离、洗脱分离柱上的各个阴离子,而且背景电导值较低,能显示试样中痕量阴离子的电导值,这称为单柱型离子色谱法,又称为非抑制型离子色谱法。其创新点是采用更低交换容量的离子交换柱填料和更低浓度的洗脱液,不用抑制柱,直接进行电导检测,因而使仪器结构简化,操作简便。阳离子分离可选用稀硝酸、乙二胺硝酸盐稀溶液等作为洗脱液。洗脱液的选择是单柱法最重要的问题,除与分析的灵敏度及检测限有关外,还决定能否将试样组分分离。

离子色谱法可用于无机离子和有机化合物的分析,现已能分析元素周期表中大多数元素的数百种离子型化合物,但主要还是用于无机离子的分析。

5.3.6 尺寸排阻色谱法

尺寸排阻色谱法是一种纯粹按照溶质分子在流动相溶液中的体积大小分离的色谱法,以凝胶为固定相,其分离机理与其他色谱法完全不同:溶质在两相之间不是靠其相互作用的不同来进行分离,而是按分子大小进行分离的。色谱柱内填充有一定大小孔穴分布的凝胶(如图5-5)。试样进入色谱柱后,随流动相在凝胶外部间隙及孔穴旁流过。在试样中有一些太大的分子不能进入凝胶的孔隙内而受到排阻,因此就直接通过柱子并首先在色谱图上出现。另外,一些很小的分子可以进入所有凝胶的孔隙内并渗透到颗粒中。这些组分在柱上的保留值最大,在色谱图上最后出现。因为溶剂分子通常是非常小的,它们最后被洗脱,这和前述几种色谱方法的情况是相反的。同时,试样中的中等大小的分子可渗透到其中某些较大的孔穴而不能进入另一些较小的孔穴,并以中等速度通过柱子,所以尺寸排阻色谱法是建立在分子大小的基础上的一种色谱分离方法。

由于尺寸排阻色谱法的分离机理与其他色谱法不同,因此它具有一些突出的特点。其试样峰全部在溶剂的保留时间前出峰,它们在柱内停留时间短,故柱内峰扩展就比其他分离方法小得多,所得峰通常也较窄,有利于进行检测,且固定相和流动相的选择简便。适用于分离相对分子质量大(通常大于2 000)的化合物。然而尺寸排阻色谱法由于方法本身所限制,只能分离相对分子质量差别在10%以上的分子,不能用来分离大小相似、相对分子质量接近的分子,如异构体等。对于一些高聚物,由于其组分相对分子质量的变化是连续的,虽不能用尺寸排阻色谱法进行分离,但可测定其相对分子质量的分布(分级)情况。

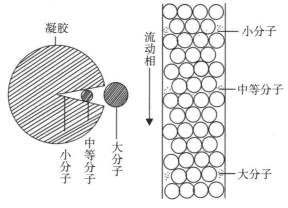

图5-5　尺寸排阻色谱法分离示意图

5.4　高效液相色谱的固定相与流动相

5.4.1 高效液相色谱的固定相

固定相对液相色谱至关重要,现按液相色谱法的几种类型所用固定相分述如下。

(1)正相色谱固定相

正相色谱固定相一般采用硅胶、氧化铝和极性基团键合的硅胶等。当溶质和溶剂分子对吸附剂表面特定位置存在竞争作用时,溶剂组成的改变往往会使分离发生较大变化。如果溶质所带官能团与吸附剂表面相应的活性中心之间发生特殊的、与溶质分子的几何形状有关的相互作用,当官能团的位置与吸附中心匹配时,作用较强,保留值较大;反之,则作用较弱,弱保留。

溶质所带官能团的性质是决定其吸附作用的主要因素,若其所带官能团的极性强、数目多,则保留也强。不同异构体的相对吸附作用常有较大差异,因而,正相色谱法分离异构体比其他分离模式更优越。

硅胶是最常用的正相色谱固定相。由于在高 pH 值时硅胶能够溶解,要获得满意的使用寿命,不应在 pH 值为 8 以上使用某些硅胶基质的色谱柱。此外,硅胶基质表面的酸性使其不适宜分离碱性化合物。

Al_2O_3 作为正相色谱固定相,对于不饱和化合物,特别是芳香族化合物、多环芳烃,有较强的保留能力,可以将芳烃异构体良好分离;也适用于碱性化合物的分离。

极性键合相的表面能量分布相对均匀,吸附活性一般比硅胶低。最常用的有氰基、二醇基、氨基等极性键合相,适于对中等极性样品的分离。–NH_2 基具有强的氢键结合能力,对某些多官能团化合物,如甾体、强心苷等有较强的分离能力。在酸性介质中,这种键合相作为一种离子交换剂,可用于分离酚、羧酸、核苷酸等。氨基可与糖类分子中的羟基发生选择性相互作用,因而当用乙腈–水做流动相时可以分离单、双和多糖,这已成为一种糖类分析的常规方法。此时尽管从流动相角度看为反相色谱,但从机理上讲为正相色谱,因为流动相中水含量的增加使溶质的保留值减少。氰基键合相的分离选择性与硅胶相似,但可与某些含有双键的化合物发生选择性相互作用,因而对双键异构体或含有不等量双键数的环状化合物有更好的分离能力。二醇基键合相是缩甘油氧丙基硅烷键合相的水解产物[Si–(CH_2)_3–O–CH_2CHOH–CH_2OH],对有机酸和某些低聚物可获得好的分离。二醇基的另一个用途是可进行某些蛋白质的水系体积排斥色谱分离。

(2)反相色谱固定相

反相高效液相色谱中使用的固定相,大多是各种烷基硅烷的化学键合硅胶。烷基链长可以是 C_2、C_4、C_6、C_8、C_{16}、C_{18} 和 C_{22} 等,最常用的是 C_{18}(又称ODS),即十八烷基硅烷键合硅胶。键合烷基的链长对键合相的样品负荷量、溶质的容量因子及其选择性有不同的影响,当烷基键合相表面浓度(mol/m²)相同时,随着烷基链长增加,溶质的保留值增加。

短链烷基(C_6,C_8)硅烷由于分子尺寸较小,与硅胶表面键合时可以有比长链烷基更高的覆盖度和较少的残余羟基,适合于极性样品的分析。长链烷基键合相有较高的碳含量和好的疏水性,对各种类型的样品分子有较强的适应能力,从非极性的芳烃到氨基酸、肽、儿茶酚胺和许多药物的分析皆可适用。苯基键合相和短链烷基键合相性质类似;多环芳烃键合相与长链烷基相性质接近,适合于芳香族化合物的分离。为适应蛋白质、酶等生物大分子分离的需要,一些键合有短链烷基(C_3、C_4)的大孔硅胶(20~40 nm)键合相和非极性效应更好的含氟硅烷键合相也发展起来。

硅胶键合固定相对碱性化合物的吸附主要是由于表面残余硅羟基和微量不纯金属杂质的作用。色谱分离中,通过在流动相中添加胺改性剂、降低流动相pH值、增加流动相离子强度、加入离子对试剂等方法消除残余硅羟基的作用。此外,在pH值大于8的流动相条件下,SiO_2会溶解,而在pH值小于2时,键合相会逐渐水解,因此硅胶基质固定相能够稳定使用的pH值范围相对较窄,不能满足部分样品尤其是生物组分和碱性药物的分离要求。

(3)离子交换色谱固定相

离子交换色谱分离机理建立在样品分子与固定相表面基团之间电荷相互作用的基础上,这种相互作用可能表现为离子与离子、偶极与离子或者其他动态平衡作用力的形式。按所使用的离子交换剂的不同,离子交换色谱方法可分强阴、强阳、弱阴、弱阳离子交换色谱四种模式。

离子交换固定相也称离子交换剂,主要有键合硅胶和聚合物两类。离子交换剂上的活性离子交换基团决定着其性质和功能。

离子交换色谱对于生物样品(如蛋白质、肽类、氨基酸、核酸、核苷、碱基、碳水化合物等)的分离尤为适宜,因此已成为相关领域中非常有效的分析检测和分离纯化手段。

(4)体积排阻色谱固定相

体积排阻色谱按其淋洗体系通常分为两大类,即适合于分离水溶性样品的凝胶过滤色谱(GFC),以及适合于分离油溶性样品的凝胶渗透色谱(GPC)。两种方法的分离原理虽然相同,但柱填料及其分离对象和使用技术完全不同。

凝胶色谱固定相包括具有确定孔径的有机凝胶和无机凝胶两大类。凝胶色谱分析用硅胶粒径通常为5~10 μm,孔径范围为50 nm~0.1 μm,常用于生物大分子的分离;交联苯乙烯或聚甲基丙烯酸酯凝胶,多用于合成高分子的分离;联苯乙烯主要用于油溶性化合物的分离。

体积排阻色谱最广泛的用途是测定合成聚合物的相对分子质量分布;对于某些大分子样品(如蛋白质、核酸等)也是一种很有效的分离纯化手段;此外,能简便快速地分离样品中相对分子质量相差较大的简单混合物,因而非常适合于未知样品的初步探索性分离,无须进行复杂实验就能较为全面地了解样品组成分布的概况。

(5)手性色谱固定相

对映异构体的液相色谱分离常用三种方法:将对映异构体衍生成为非对映异构体衍生物进行分离;使用手性流动相添加剂直接拆分;使用手性固定相直接拆分。手性固定相拆分的基础在于未消旋的手性固定相和手性溶质之间的对映体分子作用力的差别。由于手性固定相分离的方式具有经济、有效、可以进行大规模制备分离等优点,应用最为广泛。

手性固定相一般可分为配体交换手性固定相、高分子型手性固定相、键合及涂覆型手性固定相、分子印迹固定相等类型。

配体交换色谱是指在形成离子配合物的空间内形成配合键的同时,固定相与被拆分的分子之间发生内部相互作用。这种相互作用是通过金属配合物的配合空间来完成的,是连于中心金属离子上的配位体的交换过程。

键合及涂覆型手性固定相是将具有手性识别作用的配基通过稳定的共价键连接或以物理方法涂覆于适当的固相载体上,制备出手性固定相。按照配基的不同,也可以分为Prinkle型固定相、多糖类手性固定相、环糊精类手性固定相、蛋白类手性固定相、抗生素手性固定相等种类。

Prinkle型固定相是键合手性异构体固定相,有二硝基苯甲酰氨基酸CSPs、乙内酰脲衍生CSPs、N-芳基氨基酸衍生CSPs、二苯并[c]呋喃酮衍生CSPs以及DNB-氨基酸CSPs等手性填料。其配基分子中的羟基是自由的和离子化的,可以通过π-π、氢键,以及静电相互作用进行手性拆分。

5.4.2 高效液相色谱的流动相

与气相色谱相比,液相色谱的最大特点是通过对流动相的调整,可便捷地改变分离选择性。液相色谱流动相不仅选择范围宽,而且参与实际的色谱分配过程,是影响分离效果的一个非常重要的可调因素。在实际分离分析工作中,流动相的选择和优化是液相色谱分离分析方法建立的重要内容。

(1)流动相选择的一般要求

液相色谱所采用的流动相通常为各种低沸点有机溶剂与水或缓冲溶液的混合物,对流动相选择的一般要求如下。

①黏度小。溶剂黏度大,一方面液相传质慢,柱效低;另一方面柱压降增加。流动相黏度增加一倍,柱压降也相应增加一倍,过高的柱压降给设备和操作都带来麻烦。

②沸点低,固体残留物少。固体残留物有可能堵塞溶剂输送系统的过滤器和损坏泵体及阀件。

③与检测器相适应。紫外检测器是高效液相色谱中使用最广泛的一类检测器,流动相应当在所使用波长下没有吸收或吸收很少;而当使用示差折光检测器时,应当选择折射率与样品差别较大的溶剂做流动相,以提高灵敏度。

④与色谱系统的适应性。仪器的输液部分大多是不锈钢材质,最好使用不含氯离子的流动相。

⑤溶剂的纯度。关键是要能满足检测器的要求和使用不同瓶(或批)溶剂时能获得重复的色谱保留值数据。实验中使用色谱纯试剂。

⑥毒性小,安全性好,以及可压缩性也是在选择流动相时应考虑的因素。

在气相色谱中,可供选择的载气只有三四种,它们的性质相差也不大,所以要提高柱的选择性,主要是改变固定相的性质。液相色谱则与气相色谱不同,当固定相选定时,流动相的种类、配比能显著地影响分离效果,因此流动相的选择很重要。

对于液相色谱而言,流动相又称为冲洗剂、洗脱剂或载液。它有两个作用:一是携带样品前进;二是给样品提供一个分配相,进而调节选择性,以达到令人满意的混合物分离效果。对流动相的选择要考虑分离、检测、输液系统的承受能力及色谱分离目的等各个方面。

(2)液相色谱流动相的性质

流动相所采用溶剂的性质与发展的方法直接相关,其物理和化学性质确定了方法所采用的条件。

大多数情况下,高效液相色谱的方法发展采用紫外检测器,因必须考虑所用溶剂在紫外波段的吸收,通常要求流动相应有较弱的紫外吸收;相反地,如采用间接紫外检测器,则应选用紫外吸收较强的溶剂。当使用示差折光检测器时,需考虑溶剂的折射率。示差折光检测器的灵敏度与流动相和样品折射率的差值成正比。高效液相色谱–质谱联用技术逐渐得到普及,为了保证系统的正常运行,并有较高的检测灵敏度,要求流动相中不应含有难分解、挥发的盐类。

可能与样品或固定相发生化学反应的溶剂不能作为色谱流动相使用。在高效液相色谱中几乎不用醛、烯及含硫化合物作为溶剂;酮和硝基化合物也很少使用。溶剂在使用前必须经纯化处理,如醚类长期存放会产生过氧化物,使用前必须除去溶剂中的过氧化物,以保证流动相溶剂的惰性。

溶剂的沸点和其黏度密切相关,低沸点溶剂的黏度通常较低。通常选用沸点高于柱温20~50 ℃,黏度不大于5×10^{-4} Pa·s的溶剂作为流动相。由低沸点溶剂组成的混合流动相也会因蒸发而导致组成随时间改变。使用高沸点溶剂会因其高黏度引起的流动相线速度限制而损失柱效。如要使用黏度较大的溶剂,可以加入一定比例的稀释剂或适当升高柱温。

液相色谱流动相对分离选择性的影响不仅涉及流动相与固定相的相互作用,也涉及流动相和被分离物质之间的相互作用。为了对流动相的综合作用力给出定量的描述,通常采用极性来表示溶剂与溶质的相互作用强度。

Snyder根据罗胥耐特的溶解度数据提出了计算总的溶剂极性参数P'的方法,溶剂与乙醇、二氯六环、硝基甲烷等几种极性溶质的作用量度即为流动相的极性。纯溶剂的极性参数P'定义为

$$P' = \lg\left(K''_g\right)_{乙醇} + \lg\left(K''_g\right)_{二氧六环} + \lg\left(K''_g\right)_{硝基甲烷}$$

式中,K_g''为溶剂在乙醇、二氧六环、硝基甲烷中的极性分配系数。

混合溶剂的极性被定义为

$$P' = \varphi_A P'_A + \varphi_B P'_B \tag{5-10}$$

式中,P'_A,P'_B分别为纯溶剂A,B的极性参数;φ_A,φ_B分别为溶剂A,B在混合溶剂中的体积百分比。

Snyder也提出了一种根据溶剂与溶质分子间作用力的大小对溶剂的选择性进行分类的方法。将溶剂的选择性参数分为静电力(由偶极矩决定,X_n)、给予质子力(X_d)和受质子力(X_e),分别表示溶剂的偶极作用、给予质子和接受质子的能力,三者之和为1,定义为

$$X_n = \frac{\lg\left(K''_g\right)_{硝基甲烷}}{P'}; \quad X_d = \frac{\lg\left(K''_g\right)_{二氧六环}}{P'}; \quad X_e = \frac{\lg\left(K''_g\right)_{乙醇}}{P'} \tag{5-11}$$

液相色谱流动相经常采用混合溶液,如甲醇–水、乙腈–水等。对于所选择的溶剂,必须首先了解其相互混溶性。梯度洗脱时,溶剂的混溶性会影响实际的分离效果。

(3)正相色谱流动相

在正相色谱中,由于固定相的极性大于流动相的极性,所以增加流动相的极性(P'值增大),洗脱能力增强,同时样品的k将降低。一般选择具有合适P'值的溶剂,使样品的k值为1~10。

在饱和烷烃(如正己烷)中加入一种极性较大的溶剂(如异丙醇)作为极性调节剂构成的混合溶剂是正相色谱的常用流动相组成。调节极性溶剂的浓度可以改变流动相洗脱强度。确定溶剂的极性参数P'值后,若分离选择性不好,可以改用其他类型的强溶剂。对于难以达到所需要分离选择性的情况,也可以考虑使用三元或四元溶剂体系。

正相色谱中常用的溶剂可按其对于固定相的吸附强度进行分类。通常以溶剂强度参数ε^0值作为衡量溶剂强度的指标。ε^0被定义为

$$\varepsilon^0 = \frac{E}{A} \tag{5-12}$$

式中,E 为吸附能;A 为吸附剂的表面积。显然,ε^0 表示溶剂分子在单位吸附剂表面上的吸附自由能。ε^0 越大,固定相对溶剂的吸附能力越强,则溶质的 k 值越小,即溶剂的洗脱能力越强。

在正相色谱中,二元以上的混合溶剂比纯溶剂更实用。混合溶剂系统的溶剂强度可随其组成连续变化,易于找出具有适宜溶剂强度的溶剂系统。混合溶剂也可以保持溶剂的低黏度以降低柱压和提高柱效,提高选择性改善分离。可以通过选择具有等溶剂强度但性质不同的溶剂来改善分离选择性。正相色谱分离的选择性不仅取决于 ε^0,而且也受溶质与溶剂分子间的氢键作用等二次效应的影响。

(4)反相色谱流动相

在反相色谱中,溶质按其疏水性大小进行分离,极性越大或疏水性越小的溶质,与非极性的固定相的结合越弱,越先被洗脱。

反相色谱流动相通常以水作为基础溶剂,加入一定量的能与水互溶的极性调整剂(如甲醇、乙腈、四氢呋喃等)配制成混合流动相。极性溶剂所占比例对溶质的保留值和分离选择性有显著影响。一般情况下,甲醇-水系统已能满足多数样品的分离要求,是反相色谱最常用的流动相。一般推荐采用乙腈-水系统做初始实验,因为与甲醇相比,乙腈的溶剂强度较高且黏度低,同时满足在紫外 185~205 nm 检测的要求。

反相液相色谱中的流动相强度由有机溶剂的浓度和类型共同决定,常用溶剂洗脱强度的强弱顺序为水(最弱)<甲醇<乙腈<乙醇<四氢呋喃<丙醇<二氯甲烷(最强)。

溶剂的强度随着其极性的增加而降低。除二氯甲烷与水无法混溶外,其他溶剂都可与水混用。二氯甲烷常用来清洗被强保留样品污染的反相色谱柱。

反相色谱中有机调节剂的浓度与溶质的容量因子之间满足对数线性关系,可表示为

$$\ln k = a + Cc$$

式中,c 为有机调节剂浓度;a,C 分别为与流动相性质、固定相性质有关的常数。

反相高效液相色谱分离极性和离子型化合物时常采用缓冲溶液作为流动相。缓冲溶液应具有足够高的离子强度,这样可避免出现不对称峰和峰分裂。

流动相的 pH 值对可解离溶质的影响很大,在分离肽类和蛋白质等生物大分子时,经常要加入修饰性的离子对试剂。三氟乙酸是最常用的离子对试剂,使用浓度为 0.1%,流动相的 pH 值为 2~3,可以有效地抑制氨基酸上 α-羧基的解离,增加溶质的疏水性,改善分离效果。

(5)离子交换色谱流动相

离子交换色谱常用缓冲溶液作为流动相。被分离组分在离子交换柱中的保留除与样品离子和树脂上的离子交换基团作用的强弱有关外,也受流动相的 pH 值、离子强度等的影响。pH 值可改变化合物的解离程度;流动相的离子强度越高,越不利于样品的解离。

离子交换色谱多以水溶液为流动相。水不仅是理想的溶剂,同时还具有使样品离子化的特性。在以水为流动相的离子交换色谱中,溶质保留值和分离度主要通过流动相的 pH 值和离子强度来调节。在流动相中有时也加入少量的乙醇、四氢呋喃、乙腈等有机溶剂,以增加样品的溶解度,减少峰拖尾现象。

改变 pH 值可以改变离子交换基团上可解离的 H^+ 或 OH^- 的数目,因此流动相 pH 值直接影响固定相的离子交换容量。对阳离子交换剂而言,pH 值降低,交换剂的离子化受到抑制,交换容量

降低,组分的保留值减小;对于阴离子交换剂而言,则恰好相反。

改变流动相的pH值,也会影响弱电离的酸性或碱性溶质的形态分布,进而改变其保留值。pH值增大,在阴离子交换色谱中组分的保留值增大,在阳离子交换色谱中组分的保留值将减小。流动相pH值的变化也能改变分离的选择性。使用阳离子交换剂时,常选用含磷酸根离子、甲酸根离子、醋酸根离子或柠檬酸根离子的缓冲液;使用阴离子交换剂时,则常选用含氨水、吡啶等的缓冲液。

在离子交换色谱中,溶剂的强度主要取决于流动相中盐的总浓度(即离子强度),增加流动相中盐的浓度,样品离子与所加盐的离子争夺离子交换基团上反电荷位点的能力降低,保留值降低。由于不同种类的离子与离子交换剂作用强度不同,因此流动相中所加盐的类型对样品离子的保留值有很大影响,常用 $NaNO_3$ 来控制离子交换色谱中流动相的离子强度。

(6)体积排阻色谱流动相

体积排阻色谱法依据凝胶的孔容及孔径分布,样品相对分子质量大小、分布以及相互匹配情况实现样品的分离。由于分离效果与样品、流动相之间的相互作用无关,因此改变流动相的组成一般不会改善分离度。

目前凝胶渗透色谱多采用示差折光检测器,应使流动相的折光指数与被测样品的折光指数有尽可能大的差别,以提高检测灵敏度。

体积排阻色谱法中流动相的选择除需满足一般的流动相选择原则外,还必须与凝胶固定相相匹配,能浸润凝胶。当采用软质凝胶时,流动相应能使凝胶溶胀。为增加样品溶解度而采用高柱温操作时,可选用高沸点溶剂。

凝胶渗透色谱主要用于高聚物相对分子质量的测定。四氢呋喃对于样品一般有良好的溶解性能和适宜的黏度,且可使小孔径聚苯乙烯凝胶溶胀,因此被广泛使用。四氢呋喃在储运过程中特别是在光照射条件下,容易生成过氧化物,使用前应予以除去。二甲基甲酰胺、邻二氯苯、间甲酚等可在高柱温条件下使用;强极性的六氟异丙醇、三氟乙醇等,可用于粒度小于 $10~\mu m$ 的凝胶柱。

凝胶过滤色谱主要用于生物大分子分离,通常使用不同pH值的缓冲水溶液作为流动相。当使用亲水性有机凝胶(葡聚糖、琼脂糖、聚丙烯酰胺等)、硅胶或改性硅胶作固定相时,为消除吸附作用以及样品与基体的疏水作用,通常在流动相中添加少量无机盐,如 NaCl、KCl、NH_4Cl 等,维持流动相的离子强度为 0.1~0.5。

5.5 高效液相色谱仪

近年来,高效液相色谱技术得到了极其迅猛的发展。仪器的结构和流程也是多种多样的。高效液相色谱仪一般可分为四个主要部分:液体输送系统、进样系统、检测系统和分离系统,还附有馏分收集及数据处理等辅助系统。高效液相色谱仪的典型结构如图5-6所示。

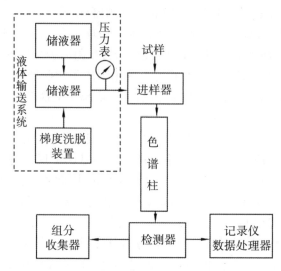

图5-6　高效液相色谱仪的典型结构示意图

如图5-6所示,储液器中储存的载液(常需除气)经过过滤之后,由高压泵输送到色谱柱入口。当采用梯度洗脱时,一般需用双泵(或多泵)系统来完成输送。试样由进样器注入输液系统,而后送到色谱柱进行分离。分离后的组分由检测器检测,输出信号供给记录仪或数据处理装置。如果需收集馏分做进一步分析,在色谱柱一侧出口将样品馏分收集起来。

5.5.1 液体输送系统

高效液相色谱仪的液体输送系统包括储液瓶、高压泵、梯度洗脱装置等。

(1)储液器

①对储液器的要求。储液器又称为溶剂储存器,主要用来供给足够数量的符合要求的流动相以便完成分析工作。对于溶剂储存器的要求如下。

a.必须有足够的容积,以备重复分析时保证供液;

b.脱气方便;

c.能耐一定的压力;

d.所选用的材质对所使用的溶剂都是惰性的。

溶剂使用前必须脱气。因为色谱柱是带压力操作的,而检测器是在常压下工作的。若流动相中所含有的空气不除去,则流动相通过柱子时,其中的气泡受到压力而压缩,流出柱子后到检测器时因恢复常压而将气泡释放出来,造成检测器噪声增大,基线不稳,仪器不能正常工作,这在梯度洗脱时尤其突出。

②脱气方法。储液器常用的脱气方法如下。

a.低压脱气法。电磁搅拌、水泵抽真空。由于抽真空或加热过程中可能引起洗动相中低沸点溶剂的挥发而影响其组成,此法不适于二元以上冲洗剂组成的流动相脱气。

b.吹氦脱气法。氦气经由一圆筒过滤器通入冲洗剂中,氦气的小气泡可将溶于流动相中的空气带出。此法简单方便,适用于所有冲洗剂脱气。

c.超声波脱气法。将冲洗剂瓶置于超声波清洗槽中,以水为介质超声脱气。此法方便。不影响溶剂组成,并适用于各种溶剂,目前国内使用较为普遍。使用此法时应注意避免溶剂瓶与超声波清洗槽底或壁接触,以免瓶子破裂,

(2)高压泵

①对高压泵的要求。高效液相色谱分析的流动相(载液)是用高压泵来输送的。由于色谱柱很细,填充剂的粒度小(常用5~10 μm),因此阻力很大。为达到快速、高效的分离,必须有很高的柱前压力,以获得高速的液流。从分析的角度出发,高压泵应满足以下几个条件。

a.流量稳定。通常要求流量精度应为±1%左右,以保证保留时间的重现性和定量定性分析的精密度。对于流速也要有一定的可调范围。较好的输液泵一般有0.11~1.0 mL/min的流量范围。

b.耐高压且压力波动小。对于200 mm长,内装5~10μm的微粒型刚性固定相的色谱柱,正常操作压力在10 MPa以下。性能较高的泵一般能耐35~50 MPa的压力。

c.耐酸碱和缓冲溶液腐蚀。液相色谱中使用的流动相多是有机溶剂、酸碱缓冲溶液等,因此高压泵必须是耐腐蚀材料制成的。

d.操作和检修方便。特别是流量调节、阀的清洗和更换,要求简便易行。

②高压泵的分类。按输液性能可分为恒压泵和恒流泵。按机械结构又可分为液压隔膜泵、气动放大泵、螺旋注射泵和柱塞往复泵四种。前两种为恒压泵,后两种为恒流泵。

a.恒压泵。恒压泵可以输出一个稳定不变的压力。在一般的系统中,由于系统的阻力不变,恒压也可达到恒流的效果,但当系统阻力变化时,虽然输入压力不变,但流量随阻力而变化。

b.恒流泵。恒流泵可以输出一个稳定不变的流量,无论柱系统阻力如何变化,都可保证其流量基本不变。

在色谱实际操作中,柱系统的阻力总是有所变化的,如填料装填不均匀、由高压装柱造成的缝隙逐渐减小、填料变形、环境温度变化及梯度冲洗时流动相黏度的变化等,都会造成柱系统阻力的改变。从这个角度来看,恒流泵比恒压泵显得优越,目前使用很普遍。然而,恒压操作对于在泵和柱系统所允许的最大压力下冲洗柱系统很方便且安全。

柱塞往复泵是目前较广泛使用的一种恒流泵,其结构如图5-7所示。当柱塞推入缸体时,泵头出口(上部)的单向阀打开,同时,流动相(溶剂)进口的单向阀(下部)关闭,这时就输出少量(约0.1mL)的流体。反之,当柱塞从缸体向外拉时,流动相入口的单向阀打开,出口的单向阀同时关闭,一定流量的流动相就由其储液器吸入缸体中。

为了维持一定的流量,柱塞每分钟大约需往复运动100次。这种泵的特点是不受整个色谱系统中其余部分阻力变化的影响。连续供给恒定体积的流动相,可以方便地通过改变柱塞进入缸体中距离的大小或往复的频率来调节流量。

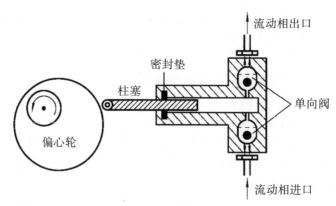

图5-7　柱塞往复泵

（3）梯度洗脱装置

高效液相色谱中的梯度洗脱和气相色谱中的程序升温一样,给分离工作带来很大的方便。所谓梯度洗脱,就是有两种(或多种)不同极性的溶剂,在分离过程中按一定程序连续地改变流动相的浓度配比和极性。通过流动相极性的变化来改变被分离样品的分离因素,以便柱系统具有最好的选择性。采用梯度洗脱技术可以提高分离度、缩短分析时间、降低最小检测量和提高分析精度。梯度洗脱对于复杂混合物,特别是保留性能相差较大的混合物的分离是极为重要的手段。

梯度洗脱可分为低压梯度(又称为外梯度)和高压梯度(又称为内梯度)。下面将分别予以介绍。

①低压梯度装置。低压梯度是采用比例调节阀,在常压下预先按一定的程序将溶剂混合后,再用泵输入色谱柱系统,也称为泵前混合。

图5-8所示为一种目前较为广泛采用的低压梯度装置流程示意图,可进行三元梯度洗脱,重复性较好。其中电磁比例阀的开关频率由控制器控制,改变控制器程序即可得任意混合浓度曲线。

②高压梯度装置。由两台(或多台)高压输液、梯度程序控制器(或计算机及接口板控制)、混合器等部件所组成。两台(或多台)泵分别将两种(或多种)极性不同的溶剂输入混合器,经充分混合后进入色谱柱系统。这是一种泵后高压混合形式。图5-9所示为高压梯度装置流程示意图。

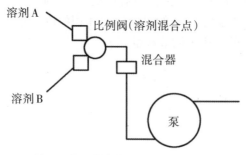

图5-8　低压梯度装置流程示意图

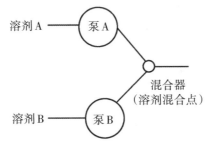

图5-9 高压梯度装置流程示意图

5.5.2 进样系统

在高效液相色谱中,进样方式及试样体积对柱效有很大的影响。要获得良好的分离效果和重现性,要将试样"浓缩"地瞬时注入色谱柱上端柱载体的中心形成一个小点。如果把试样注入柱载体前的流动相中,通常会使溶质以扩散形式进入柱顶,导致试样组分分离效能的降低。目前,符合要求的进样方式主要有以下三种。

（1）注射器进样

这种进样方式同气相色谱法一样,试样用微量注射器刺过装有弹性隔膜的进样器,针尖直达上端固定相或多孔不锈钢滤片,试样以小滴的形式到达固定相床层的顶端。缺点是不能承受高压,在压力超过15 MPa后,由于密封垫的泄漏,带压进样实际上不可能。为此可采用停流进样的方法,这时打开流动相泄流阀,使柱前压力下降至零,注射器按前述方式进样后,关闭阀门使流动相压力恢复,把试样带入色谱柱。由于液体的扩散系数很小,试样在柱顶的扩散很缓慢,故停流进样的效果能达到不停流进样的要求。但停流进样方式无法获得精确的保留时间,峰形的重现性也较差。

（2）高压定量进样阀进样

高压定量进样阀是通过进样阀(常用六通阀,如图5-10)直接向压力系统内进样而不必停止流动相流动的一种进样装置。利用此种装置进样,操作分两步进行。当阀处于准备状态(装样位置)时,1和6,2和3,4和5连通,试样用注射器由1注入一定容积的定量管中。接在阀外的定量管根据进样量的大小按需选用。注射器要取比定量管容积稍大的试样溶液,多余的试样通过连接2的管道溢出。进样时,将阀芯沿顺时针方向旋转60°,使阀处于进样位置(工作)。这时,1和2,3和4,5和6连通,将储存于定量管中固定体积的试样送入柱中。

如上所述,进样体积是由定量管的体积严格控制的,所以进样准确,重现性好,适于做定量分析。更换不同体积的定量管,可调整进样量。

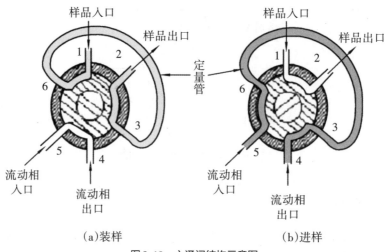

图5-10　六通阀结构示意图

（3）自动进样器进样

自动进样器多用于同种冲洗条件下样品量较多的场合或无人看管的自动色谱仪。使用计算机来控制一个六通阀的采样、进样和冲洗等动作，操作者只需把装好样品的小瓶按一定次序放入样品架上（样品架有转盘式、排式和链式等），然后设定程序（如进样次数、分析周期等），启动程序，设备将自动运转。

5.5.3 检测系统

液相色谱检测器是连续检测柱流出物中样品的浓度或量，完成色谱分析工作中定性、定量分析的重要部件。一个理想的检测器应具有灵敏度高、重现性好、响应快、线性范围宽、适用范围广、对流动相流量和温度波动不敏感、死体积小等特性。截至目前，液相色谱还没有一种用途广泛、理想的检测器。为了满足不同分析对象的要求，往往需要多种类型的检测器。液相色谱检测器可分为通用型和选择型两大类。

通用型检测器对溶质和流动相的性质都有响应，如示差折光检测器、电导检测器等。这类检测器应用范围广，但因受外界环境（如温度、流速）变化影响大，因而灵敏度低，且通常不能进行梯度洗脱。

选择型检测器，如紫外检测器、荧光检测器等，只要溶剂选择得当，仅对溶质响应灵敏，而对流动相没有响应。这类检测器对外界环境的波动不敏感，具有很高的灵敏度，但只对某些特定的物质有响应，因而应用范围窄，可通过采用柱前或柱后衍生化反应的方式，扩大其应用范围。

（1）紫外检测器

紫外检测器是液相色谱法广泛使用的检测器，几乎所有的高效液相色谱仪都配有紫外检测器。它的作用原理是基于被分析试样组分对特定波长紫外光的选择性吸收，组分浓度与吸光度的关系符合朗伯-比耳定律。紫外检测器有固定波长和可变波长两类，为扩大应用范围和提高选择性并选择最佳检测波长，常采用可变波长检测器，实质上就是装有流通池的紫外分光光度计或紫外-可见分光光度计。其特点是灵敏度高（最小检测浓度可达 10^{-9} g/mL），对温度和流速不敏感，可用于等度或梯度洗脱且结构简单。缺点是不适用于对紫外光完全不吸收的试样，同时溶剂的选用受限制。

图5-11是一种双光路结构的紫外检测器光路图,光源一般采用低压汞灯,透镜将光源射来的光束变成平行光,经过遮光板变成一对细小的平行光束,分别通过测量池与参比池,然后用紫外滤光片滤掉非单色光,用两个紫外光敏电阻接成惠斯顿电桥,根据输出信号差(即代表被测试样的浓度)进行检测。

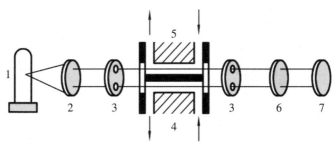

1. 低压汞灯;2. 透镜;3. 连光板;4. 测量池;
5. 比池;6. 紫外滤光片;7. 双紫外光敏电阻
图5-11　紫外检测器光路图

为适应高效液相色谱分析的要求,测量池体积都很小,在5~10 μL之间,光路长5~10mm,其结构形式常采用H形(见图5-11)或Z形。接收元件采用光电管、光电倍增管或光敏电阻。检测波长一般固定在254 nm(核酸)或280 nm(蛋白质)。

一般选择对欲分析物有最大吸收的波长进行工作,以获得最大的灵敏度和抗干扰能力。在选择测定波长时,必须考虑到所使用的流动相组成,因为各种溶剂都有一定的透过波长下限值,超过了这个波长,溶剂的吸收会变得很强,就不能很好地测出待测物质的吸收强度。

(2)示差折光检测器

示差折光检测器是除紫外检测器之外应用最多的液相色谱检测器,是一种通用型检测器,基于连续测定色谱柱流出物光折射率的变化而测定样品浓度。溶液的光折射率是溶剂(冲洗剂)和溶质(样品)各自的折射率乘以各自的物质的量浓度之和。溶有样品的流动相和流动相本身之间光折射率之差即表示样品在流动相中的浓度。原则上凡是与流动相光折射指数有差别的样品都可用它来测定,其检测限可达$10^{-7} \sim 10^{-6}$ g/mL。示差折光检测器按其工作原理可分成偏转式和反射式两种类型。当介质中成分发生变化时,其折射随之发生变化,如入射角不变,则光束的偏转角是介质(如流动相)中成分变化(当有试样流出时)的函数。因此,利用测量折射角变化值的大小,便可测定试样的浓度。

图5-12是一种偏转式示差折光检测器的光路图。光源射出的光线由透镜聚焦后,从遮光板的狭缝射出一条细窄光束,经反射镜反射以后,由透境汇聚两次,穿过工作池和参比池,被平面反射镜反射出来,成像于棱镜的棱口上,然后光束均匀分为两束,到达左、右两个对称的光电管上。如果工作池和参比池均通过纯流动相,光束无偏转,左、右两个光电管的信号相等,此时输出平衡信号。如果工作池中有试样通过,由于折射率改变,造成了光束的偏移,从而使到达棱镜的光束偏离棱口,左、右两个光电管接受的光束能量不等,因此输出一个代表折射角度变化值的大小,也就是试样浓度的信号而被检测。红外隔热滤光片可以阻止那些容易引起流通池发热的红外光通过,以保证系统工作的热稳定性。平面细调透镜用来消除光路系统的不平衡。

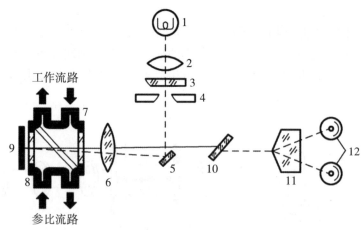

1. 钨丝灯光源；2. 透镜；3. 滤光片；4. 遮光板；5. 反射镜；6. 透镜；

7. 工作池；8. 参比池；9. 平面反射镜；10. 平面细调透镜；11. 棱镜；12. 光电管

图5-12　偏转式示差折光检测器光路图

几乎每一种物质都有各自不同的折射率，因此都可用示差折光检测器来检测，如同气相色谱仪的热导检测器一样，它是一种通用型的浓度检测器。但由于高效液相色谱通常采用梯度洗脱，流动相的成分不定，从而导致在参比流路中无法选择合适的溶剂，因此从实际应用方面看来，示差折光检测器不能用于梯度洗脱，因而不是严格意义的通用型检测器。由于折射率对温度的变化非常敏感，大多数溶剂折射率的温度系数约为$5×10^{-4}$，因此检测器必须恒温，以便获得精确的结果。

（3）荧光检测器

荧光检测器属于高灵敏度、高选择性的检测器，仅对某些具有荧光特性的物质有响应。许多化合物，特别是芳香族化合物、生化物质等被入射的紫外光照射后，能吸收一定波长的光，使原子中的某些电子从基态中的最低振动能级跃迁到较高电子能态的某些振动能级。之后，由于电子在分子中的碰撞，消耗一定的能量而下降到第一电子激发态的最低振动能级，再跃回到基态中的某些不同振动能级，同时发射出比原来所吸收的光频率较低、波长较长的光，即荧光。被这些物质吸收的光称为激发光（λ_{ex}），产生的荧光称为发射光（λ_{em}）。荧光的强度与入射光强度、量子效率和样品浓度成正比。图5-13是典型的直角型滤色片荧光检测器光路图。

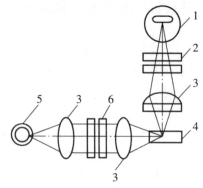

1. 光电倍增管；2. 发射滤光片；3. 透镜；4. 流通池；5. 光源；6. 激发滤光片

图5-13　直角型滤色片荧光检测器光路图

由卤化钨灯产生 280 nm 以上的连续波长的强激发光,经透镜和激发滤光片将光源发出的光聚焦,将其分为所要求的谱带宽度并聚焦在流通池上,另一个透镜将从流通池中欲测组分发射出来的与激发光成 90°角的荧光聚焦,透过发射滤光片照射到光电倍增管上进行检测。

一般情况下,荧光检测器比紫外检测器灵敏度高 2 个数量级。对强荧光物质大约是 1 ng/mL。典型的荧光物质有多环芳烃、甾族化合物、植物色素、维生素、生物碱、儿茶酚胺、酶等。对许多不发荧光的物质,可以通过化学衍生法转变成发荧光的物质,然后进行检测。

(4)光电二极管阵列检测器(DAD)

光电二极管阵列检测器由光源发出的紫外或可见光通过检测池,所得组分特征吸收的全部波长经光栅分光、聚焦到阵列上同时被检测,计算机快速采集数据,得到三维色谱——光谱图,即每一个峰的在线紫外光谱图。与普通紫外检测器的主要区别在于进入流通池的不再是单色光,获得的检测信号不再是单一波长上的,而是在全部紫外光波长上的色谱信号,如图 5-14 所示。优点是灵敏度高,对温度和流速不敏感,可用于梯度洗脱,结构简单,精密度和线性范围较好。缺点是不适用于对紫外光无吸收的样品,流动相选择有限制,流动相截止波长必须小于检测波长。光电二极管阵列检测器不仅可以用于被测组分定性检测,还可得到被测组分的光谱定性信息。

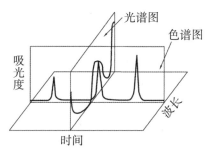

图5-14 光电二极管阵列检测结果

5.5.4 高效液相色谱柱(分离系统)

(1)色谱柱的结构

现代高效液相色谱大多采用小粒径填料以获得高柱效,因阻力较大需要在高压下运行,这也要求色谱柱及其连接必须满足耐高压、不泄漏、接头死体积小等条件。为了保证色谱柱具有良好的密封性能,通常使用带锥套的线密封连接方式。HPLC 的色谱柱管通常为内壁抛光的不锈钢管,形状几乎全为直形。近年来,由于微粒填料和高压匀浆装柱技术的应用,大大提高了柱效,色谱柱都较短(5~30 cm),柱内径根据需要而异:一般分析柱,内径 4~5 mm;凝胶色谱柱,内径 3~12 mm;制备柱内径较大,可达 25 mm 以上。

(2)色谱柱的评价

色谱柱的类型和构型(粒度、长度、内径等)的选择通常由分离目的决定。对于特定类型的色谱柱,不同的品牌之间可能存在很大的差异。通常对色谱柱要求的主要指标包括:某指定 k 值的理论塔板数 N;峰不对称因子(A_s);两种不同溶质的选择性(α),色谱柱的反压;保留值(k)的重现性,键合相浓度;色谱柱的稳定性等。

理论塔板数(N)是色谱柱的一个重要特性指标,一支色谱柱的理论塔板数越高,则溶质从色谱柱上流出曲线的方差或峰宽越小,色谱峰越尖锐,表明色谱柱对溶质的分离能力越强,即柱效高。

提高色谱柱理论塔板数的因素包括:色谱柱填充良好;增加色谱柱长度;在最佳流速下运行;采用较小粒度填料;采用低黏度流动相;升高色谱柱温度。如果采用小分子化合物测定理论塔板数,结果偏高。

不对称的色谱峰可能导致塔板数与分离度测定不准确、定量不准确、分离度降低与检测不出峰尾中的小峰、保留值的重现性不好等问题。实际工作中,通常采用可以用峰不对称因子 A_s 表示峰形的不对称或拖尾长度,理想色谱峰的 A_s 值为 0.95~1.1(绝对的对称峰为 A_s=1.0),实际分析中被测样品的 A_s 值一般应小于 1.5。

(3)液相色谱填料基质

由于 HPLC 的分离过程涉及物理化学作用、流体动力学、热力学过程等,所以对固定相基质材料的物理化学性质有比较严格的要求。液相色谱固定相基质主要有无机氧化物和有机聚合物两种类型。目前,HPLC 分析中常用的几种填料类型主要包括全多孔微球、薄壳型微球、灌流色谱填料和整体材料。由于全多孔微球填料能够很好地兼顾柱效、样品容量、使用寿命、灵活性以及有效利用率等众多理想的性质,应用最为普遍。

①硅胶微粒。

硅胶及键合硅胶是开发最早、研究深入、应用广泛的 HPLC 固定相,这主要是基于硅胶基质良好的物理特性与完善的制备工艺。通过控制全多孔硅胶微粒的制作工艺,能够得到平均孔径变化范围宽(如 8 μm,30 μm,100 μm)、粒度选择性范围较大(10 μm,5 μm,3 μm)、孔径分布范围窄、孔结构理想的填料,能满足大、小分子的分析及制备。

用于进行键合反应制备各改性硅胶 HPLC 固定相的硅胶表面需要进行活化,完全羟基化,这时硅胶表面硅羟基最大浓度约为 8 μmol/ m^2,使用效果最佳。游离硅羟基酸性很强,能与碱性溶质产生强相互作用,因此该类硅胶固定相往往使碱性化合物保留值增加、蜂变宽、拖尾。完全羟基化的硅胶基质固定相氢化硅羟基浓度较高,有时可达总数的 25%~30%,氢化硅羟基的酸性比游离硅羟基弱,有利于碱性化合物的色谱分离。

硅胶基质的纯度对许多极性化合物的分离也极为重要,硅胶中的 Fe、Al、Ni、Zn 等金属杂质能与溶质配合,引起不对称或拖尾峰,甚至使化合物完全被固定相吸附,不能洗脱。硅胶晶格中的其他金属(尤其是铝)能使表面硅羧基活性增强,酸性增强。HPLC 分离,尤其是碱性与强极性化合物的分离需用高纯硅胶。

②多孔聚合物。

聚合物填料在氨基酸、有机酸、多糖以及无机离子分离中应用较多。大多数多孔聚合物在 pH 为 1~13 具有良好的稳定性,可以在高 pH 条件下使强碱性溶质以自由态或非电离态存在,得到较好的分离。

用 C$_{18}$、NH$_2$ 和 CN 等功能团对多孔聚合物微粒加以改性,能够得到不同选择性的正相或反相色谱固定相,–COOH、–SO$_3$H、NH$_2$ 和 NR^{3+} 等改性多孔二乙烯基苯交联的聚苯乙烯聚合物可以得到离子交换色谱固定相,广泛用于生物样品的分离、提纯。

与硅胶基质的离子交换剂比较,聚合物基质离子交换剂有柱效低、分离慢的缺点,并且这种担体在不同有机改性剂中溶胀程度不同,填充床会因微粒溶胀不同而变化,在梯度洗脱中溶胀现象的影响更加明显。

③无机基质。

无机基质HPLC固定相主要包括无机氧化物和多孔石墨化碳,相对于硅胶基质固定相,多孔石墨化碳具有特殊的性质,在极性化合物和非极性化合物的同时分离、二糖和糖肽的分离中表现出独特的优势。

不经过特殊衍生处理的石墨化碳可以作为正相、反相、离子交换等不同分离模式的色谱固定相。石墨化碳的表面与溶质存在偶极作用,对极性化合物的保留比一般烷基键合硅胶或多孔聚合物强,因此可用于分离强亲水性化合物。此外,石墨化碳固定相pH稳定性非常好,可以在低或高pH条件下运行,同时可以实现高温快速分离。

④有机-无机杂化基质。

Waters公司采用甲基三乙氧基硅烷和四乙氧基硅烷混合前体,制备了含有无机硅与有机硅烷单元的高纯杂化球,其中有机硅烷单元分布于颗粒内部及表面,甲基约取代1/3的表面硅羟基,相对纯硅胶基质,杂化基质表面硅羟基的分布更加有序,通过键合反应引入烷基链的空间位阻作用相对减少,所以键合反应得到的固定相在表面均匀性和残留硅羟基两方面均有明显的改善。杂化硅胶微球在一定程度上结合了聚合物基质稳定性好及硅胶基质高效和机械强度高的特点,能够改善碱性化合物分离的拖尾现象,在pH为1~12的流动相条件下皆具有较好的稳定性。

⑤化学键合固定相。

化学键合固定相借助于化学反应的方法将有机分子以共价键连接在基质上制得,在高效液相色谱的应用中占80%以上。高效液相色谱中应用化学键合相在很大程度上减弱了表面活性作用点,清除了某些可能的催化活性。

5.6 高效液相色谱仪的使用技术与日常维护

5.6.1 色谱柱的使用与维护

(1)色谱柱的选择与使用

液相色谱的柱子通常分为正相柱和反相柱。正相柱大多以硅胶为柱,或是在硅胶表面键合－CN、－NH$_2$等官能团的键合相硅胶柱;反相柱填料主要以硅胶为基质,在其表面键合非极性的十八烷基官能团(ODS)称为C$_{18}$柱,其他常用的反相柱还有C$_8$、C$_4$、C$_2$和苯基柱等,另外还有离子交换柱、GPC柱、聚合物填料柱等。

(2)柱子的pH值使用范围

反相柱的优点是固定相稳定,应用广泛,可使用多种溶剂。但硅胶为基质的填料,使用时一定要注意流动相的pH值范围。一般的C$_{18}$柱pH值范围都在2~8,流动相的pH值小于2时,会导致键合相的水解;当pH值大于7时,硅胶易溶解;经常使用缓冲液固定相要降解。一旦发生上述情况,色谱柱入口处会塌陷。同样填料,各种不同牌号的色谱柱不尽相同。如果流动相pH值较高或经常使用缓冲液时,建议选择pH值范围大的柱子,例如,热电公司的Acclaim柱的pH值为2~9,或Zorbax柱的pH值为2~11.5。

(3)填料的端基封尾(或称封口)

把填料的残余硅羟基采用封口技术进行端基封尾,可改善对极性化合物的吸附或拖尾;含碳量增高了,有利于不易保留化合物的分离;填料稳定性好了,组分的保留时间重现性就好。如果待分析的样品属酸性或碱性的化合物,最好选用填料经端基封尾的色谱柱。

(4)液相色谱柱的性能测试

色谱柱在使用前,最好进行柱的性能测试,并将结果保存起来,作为今后评价柱性能变化的参考。在做柱性能测试时要按照色谱柱出厂报告中的条件进行(出厂测试所使用的条件是最佳条件),只有这样,测得的结果才有可比性。但要注意的是柱性能可能由于所使用的样品、流动相、柱温等条件的差异而有所不同。

(5)色谱柱的维护

①色谱柱的平衡。

反相色谱柱由工厂测试后是保存在乙腈/水中的,新柱应先使用10~20倍柱体积的甲醇或乙腈冲洗色谱柱。请一定确保分析的样品所使用的流动相和乙腈/水互溶。每天用足够的时间以流动相来平衡色谱柱,这样色谱柱的寿命才会变得更长。

具体操作步骤:首先,平衡开始时将流速缓慢地提高,用流动相平衡色谱柱直到获得稳定的基线(缓冲盐或离子对试剂流速如果较低,则需要较长的时间来平衡);其次,如果使用的流动相中含有缓冲盐,应注意用纯水"过渡",即每天分析开始前必须先用纯水冲洗30 min以上再用缓冲盐流动相平衡,分析结束后必须先用纯水冲洗30 min以上除去缓冲盐之后再用甲醇冲洗30 min保护柱子。

②色谱柱的再生。

长期使用的色谱柱,往往柱效会下降(柱子的理论塔板数减低)。可以对色谱柱进行再生,在有条件的实验室应使用一个廉价的泵进行柱子的再生。用来冲洗柱子的溶剂体积见表5-1。

表5-1　用来冲洗柱子的溶剂体积

色谱柱尺寸/mm	柱体积/mL	所用溶剂的体积/mL
125~4	1.6	30
250~4	3.2	60
250~10	20	400

极性固定相的再生采用正庚烷→氯仿→乙酸乙酯→丙酮→乙醇→水依次进行冲洗。非极性固定相(如反相色谱填料RP-18、RP-8、CN等)的再生则采用水→乙腈→氯仿(或异丙醇)→乙腈→水的顺序冲洗。0.05 mol/L稀硫酸可用来清洗已污染的色谱柱,如果简单地用有机溶剂/水的处理不能够完全洗去硅胶表面吸附的杂质,在水洗后加用0.05 mol/L稀硫酸冲洗非常有效。

③色谱柱的维护。

色谱分析柱前需使用预柱保护分析柱(硅胶在极性流动相/离子性流动相中有一定的溶解度)。大多数反相色谱柱的pH值稳定范围是2~7.5,尽量不超过该色谱柱的pH值范围。避免流动相组成及极性的剧烈变化,流动相使用前必须经脱气和过滤处理。氯化物的溶剂对其有一定的腐蚀性,故使用时要注意,柱及连接管内不能长时间存留此类溶剂,以避免腐蚀。如果使用极性或离子性的缓冲溶液做流动相,应在实验完毕后,将柱子冲洗干净,并保存于甲醇或乙腈中。

5.6.2 流动相的使用与维护

(1)流动相的纯化

溶剂最好选择色谱纯。分析纯溶液在很多情况下可以满足色谱分析的要求,但不同的色谱柱和检测方法对溶剂的要求不同,如用紫外检测器检测时溶剂中就不能含有在检测波长下有吸收的杂质,有时要进行除去紫外杂质、脱水、重蒸等纯化操作。

(2)流动相的储存及脱气

储液瓶应使用棕色瓶以避免生长藻类,要定期(至多3个月)清洗储液瓶和溶剂过滤器。砂芯玻璃过滤头可用35%的硝酸浸泡1 h后用超纯水洗净。烧结不锈钢过滤头可用5%~20%的硝酸溶液超声清洗后用超纯水洗净

除色谱级的溶剂及超纯水外,其他流动相在使用前必须用0.22 μm的滤膜过滤。应使用新配制的流动相,特别是含水溶剂和盐类缓冲溶液,存放时间不可超过2 d。过滤后的流动相在使用前必须进行脱气。

(3)流动相的更换

有时流动相在分析过程中由于量不足必须要更换,一定要注意前一种使用的流动相和所更换的流动相是否能够相溶。如果前一种使用的流动相和所更换的流动相不能够相溶,那就要特别注意了,要采用一种与这两种需更换的流动相都能够相溶的流动相进行过滤、清洗。较为常用的过滤流动相为异丙醇,但在实际操作中要看具体情况而定,原则就是采用与这两种需更换的流动相都能够相溶的流动相。一般清洗的时间为30~40 min,直至系统完全稳定。

5.6.3 高压泵的使用与维护

高压泵使用常规注意事项有:每天开始使用时排气。工作结束后,先用超纯水冲洗系统中的盐,然后逐渐加大有机溶剂如甲醇、乙腈的比例,最后用纯甲醇冲洗。不让水或腐蚀性溶剂滞留泵中。定期更换垫圈,平时应常备泵密封垫、单向阀、泵头装置、各式接头、保险丝等部件和工具。

5.6.4 进样器的使用与维护

对六通进样阀,保持清洁是进样阀使用寿命和进样量准确度的重要因素。不进样时,套上安全帽。进样前应使样品混合均匀,以保证结果的精确度,样品瓶应清洗干净,无可溶解的污染物。样品要求无微粒、去除能阻塞针头和进样阀的物质,故样品进样前必须用0.22 μm的无机滤膜或有机滤膜过滤。

自动进样器的针头应有钝化斜面,侧面开孔;针头一旦弯曲应换上新针头,不能弄直了继续

使用;吸液时针头应没入样品溶液中,但不能碰到样品瓶底。为了防止缓冲液和其他残留物在进样系统中,每次工作结束后应冲洗整个系统,手动进样器为确保进样量的重现性,用部分注入方式进样的样品量应在定量环管体积的一半以下,全量注入的样品量应是3倍定量环的体积。

5.6.5检测器的使用与维护

检测器的光源都有一定的寿命,最好检测时提前30 min左右打开。检测在常压下进行,试样和流动相要完全脱气后才能进入液相色谱系统和检测器,以此保证流量稳定和检测数据准确。水性流动相长时间留在检测池中会有藻类生长,藻类能产生荧光,干扰荧光检测器的检测,检测后需要用含乙腈或甲醇的流动相冲洗干净。

根据维护说明书,定期拆开检测池和色谱柱的连接管路,用强极性溶剂直接清洗检测池。如果污染严重,就需要依次采用1 mol/L硝酸、水或新鲜溶剂冲洗,或取出池体进行清洗、更换窗口。

6 有机质谱分析法

6.1　有机质谱概述

质谱分析法是由英国学者J.J Thomson在研究正电荷离子束的基础上发展起来的。早期质谱法主要用于分析和分离同位素,质谱法应用于分析有机化合物分子结构始于20世纪40年代,而它真正兴起是在20世纪50年代。现在质谱有三个主要分支:有机质谱、同位素质谱和无机质谱。有机质谱主要研究有机化合物的分子结构;同位素质谱主要分析同位素丰度和含量;无机质谱是样品中常量、痕量和超痕量水平的元素的灵敏测定方法。本章中主要讨论有机质谱。

质谱法是有机化合物分子结构分析的重要手段,它不仅能测定有机化合物的相对分子质量,还能提供碎片结构信息,且灵敏度高,分析速度快,分析范围广,可对气体、液体和固体样品进行分析,既可用于定性分析,又可用于定量分析,被广泛应用于有机化学、药物学、石油化工、环境分析、食品化学、材料等研究领域。随着联用技术和各种软电离技术的发展,质谱与气相色谱、液相色谱、毛细管电泳的联用得以实现,质谱不仅能应用于复杂有机混合物的分离和分析,而且在药物代谢和生命科学中的应用日益广泛。

有机质谱仪主要由六个部分组成:真空系统、进样系统、离子源、质量分析器、检测器、计算机数据处理系统(如图6-1)。待测样品由进样系统以不同方式导入离子源。在离子源中,样品分子电离成各种质荷比的离子,经质量分析器分离,检测器检测并经计算机数据处理得到化合物的质谱数据。整个仪器由计算机系统控制并监测,真空系统维持仪器处于高真空状态运行。

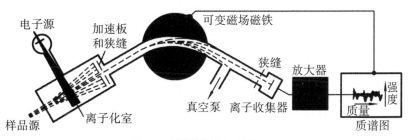

图6-1　质谱仪构造示意图

6.1.1 进样系统

进样系统的作用就是把被测样品导入离子源。不同性质的样品采用不同的进样方式。通常有两种进样方式:直接进样和色谱进样。

直接进样主要用于纯化合物的分析。对于一些热稳定性较好、汽化温度不是很高的样品可以用探头进样的方式进样。被测样品直接放入石英样品管,探头伸至离子源中,快速升温使样品迅速汽化并电离。若是热稳定性差、难汽化的样品,则可配成溶液,通过蠕动泵注射,在氮气的夹带下雾化后进入离子源,电离后经检测得到质谱信号,也可以将样品溶解后以溶液的形式涂加在发射丝上,通一定强度的电流后,炽热的发射丝使样品解吸汽化;另外,也可以将样品混合于基质材料中再以一定的方式使其电离。

色谱进样主要用于复杂混合物的分析。借助色谱的有效分离,混合物中的各个组分被分离后依次进入质谱中,使质谱可以在一定程度上鉴定出混合物的成分。低沸点的混合物经毛细管气相色谱分离,毛细管色谱柱的出口直接插入质谱仪的离子源中即可。高沸点的混合物经液相色谱分离,通过电喷雾电离或大气压电离方式使样品电离,检测获得质谱信息。

6.1.2 电离方式和离子源

离子源的作用是使样品分子电离成离子。不同性质的样品需要不同的电离方式电离。下面我们介绍几种主要的电离方式及其相对应的离子源。

(1)电子轰击电离

电子轰击电离(EI)是质谱中应用最广泛的、发展最成熟的一种离子化方式。它的工作原理是:钨或铼制成的灯丝在高真空中被电流炽热,发射出电子,电子经电离电压加速后经入口狭缝进入电离区。汽化后的样品分子在电离区与电子相互作用,一些分子获得足够能量后丢失一个电子形成正离子,即分子离子。有机化合物需要的电离电压通常为7~15 eV,而在50~70 eV时电离效率最高,灵敏度接近最大值,且重复性较好,因此电子轰击质谱常用的电离电压为70 eV,分子电离后多余的能量使生成的分子离子进一步碎裂产生碎片离子,得到丰富的结构信息,是有机化合物分子结构分析的重要依据。在电子轰击电离中通常得到正离子,而且质谱图具有很好的重现性。现在通用的有机化合物IE标准谱都是在70 eV时获得的。

但电子轰击电离也有它的局限性,对一些结构不太稳定的样品,在70 eV时得不到相对分子质量的信息,通过降低电离电压有时可以获得更强的分子离子信号,但同时灵敏度也急剧下降,而且得到的质谱图不能与标准谱库比对;另外,对一些不能汽化或遇热分解的样品则不能得到质谱信号。

(2)化学电离

电子轰击电离往往会使一些结构不太稳定的化合物分子产生大量的碎片离子,而分子离子信号很小甚至检测不到,化学电离(CI)正是解决这一问题的软电离方式。化学电离源的结构与电子轰击电离源基本相似,不同的是化学电离源在离子源中引入大量的反应气体,样品直接导入离子源并汽化。在大量反应气体的气氛中,灯丝发射的电子不是直接轰击样品分子,而是首先与反应气体分子发生作用产生反应离子,这些离子再与样品分子发生离子-分子反应实现电离。通常使用的反应气体有:甲烷、异丁烷、氨等。以甲烷反应气为例,发生的部分反应为

$$CH_4 + e^- \rightarrow CH_4^{+\cdot} + 2e^-$$
$$CH_4^{+\cdot} + CH_4 \rightarrow CH_5^+ + CH_3^{\cdot}$$
$$CH_5^+ + M \rightarrow CH_4 + MH^+$$

在化学电离源中,反应气体离子与样品分子发生的离子-分子反应主要是质子转移,产生[M+H]⁺,也可能发生亲电加成反应产生[M+15]⁺、[M+29]⁺、[M+43]⁺、[M+18]⁺(与NH₄⁺),少数情况下发生电荷转移,产生[M]⁺,有时由于其他反应产生[M−H]⁺。

使用不同的反应气体产生的二级离子的能量次序依次为:$C_2H_5^+ > t-C_4H_9^+ > NH_4^+$。通过选择控制从化学电离中产生[M+H]⁺和碎片离子的强度。

化学电离质谱属于软电离技术,由于产生的准分子离子[M+H]⁺过剩的能量小,又是偶电子离子,比较稳定,较少进行碎裂反应,因此准分子离子的强度较高,便于推算相对分子质量。对分子结构不太稳定的化合物,化学电离质谱与电子轰击电离质谱形成较好的互补关系,但化学电离质谱图不能用于峰的匹配性比较。图6-2是化合物邻苯二甲酸二辛酯的电子轰击电离和化学电离(反应气体分别为甲烷和异丁烷)质谱图,从图中可以看出在化学电离质谱图中碎片均明显减少,分子离子峰的丰度明显增大。

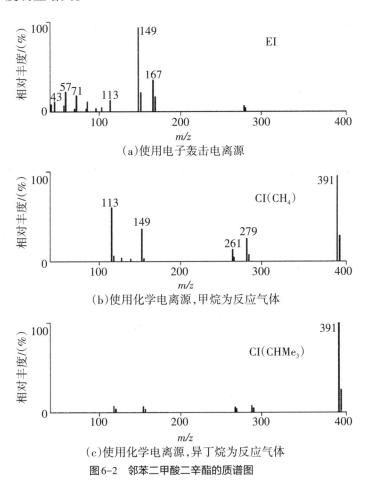

（a）使用电子轰击电离源

（b）使用化学电离源,甲烷为反应气体

（c）使用化学电离源,异丁烷为反应气体

图6-2　邻苯二甲酸二辛酯的质谱图

（3）电喷雾电离

电喷雾电离(ESI)是一种软电离技术,主要用于难挥发、热稳定性较差的极性化合物分析。

电喷雾电离源是主要应用于高效液相色谱和质谱仪之间的接口装置,同时又是电离装置。不锈钢毛细管安装于一个同轴的氮气(雾化气)腔体中,被分析样品溶液通过蠕动泵输送通过不锈钢毛细管到达喷口。由于喷口被加以 $3 \sim 8$ kV 的高电压,且管壁保持适当的温度,在加热温度、雾化气和强电场的作用下形成高度带电的雾状小液滴进入离子源。在向质量分析器移动的过程中,液滴因溶剂的迅速挥发而不断变小,其表面的电荷密度不断增大。当电荷之间的排斥力足以克服表面张力时,液滴发生分裂;经过这样不断的溶剂挥发-液滴分裂过程,最后以离子形式进入气相,产生单电荷或多电荷离子,聚焦后进入质量分析器。通常小分子化合物的电喷雾电离容易得到 $[M+H]^+$、$[M+Na]^+$、$[M+K]^+$、$[2M+H]^+$、$[2M+Na]^+$、$[2M+K]^+$、$[M+NH_4]^+$ 或 $[M-H]^-$ 等单电荷离子,选择相应的正离子或负离子检测,就可得到物质的相对分子质量,生物大分子(如蛋白质、肽类、氨基酸和核酸)则容易得到多电荷离子,如 $[M+nH]^{n+}$、$[M+nNa]^{n+}$、$[M-nH]^{n-}$,并且所带电荷数随相对分子质量的增大而增加。通过数据处理系统或通过公式计算能够得到样品的相对分子质量。

电喷雾通常要选择合适的溶剂,除了考虑对样品的溶解能力外,溶剂的极性也需考虑。一般来说,极性溶剂(如甲醇和乙腈)都有助于样品分子电离,十分适合于电喷雾电离;其他适用的溶剂还包括:二氯甲烷、三氯甲烷-甲醇混合物、二甲基亚砜、四氢呋喃、丙酮及二甲基甲酰胺。不适合电喷雾电离的溶剂有:烃类(如正己烷)、芳香族化合物(如苯)以及其他非极性溶剂。

电喷雾电离具有极为广泛的应用领域,如小分子药物及其代谢产物的测定,农药及化工产品的中间体和杂质测定,大分子的蛋白质、肽类、核酸和多糖的相对分子质量的测定,氨基酸测序、结构研究以及分子生物学等许多重要的研究和生产领域。

(4)大气压化学电离

大气压化学电离(APCI)也是一种软电离技术,较易得到样品相对分子质量信息,且只产生单电荷离子。和电喷雾电离类似,样品溶液由蠕动泵输送,由具有雾化气套管的不锈钢毛细管流出,被大流量的氮气流雾化,加热管加以较高温度使样品溶液通过加热管时被汽化。在加热管端口进行电晕尖端放电,溶剂分子首先被电离,与化学电离类似形成反应气等离子体。样品分子在穿过等离子体时通过质子转移被电离形成 $[M+H]^+$ 或 $[M-H]^-$,并进入质量分析器。

(5)快原子轰击电离和液体二次离子质谱

快原子轰击电离(FAB)是应用较广的一种软电离技术。它的基本原理是:使用中性原子束,惰性气体氩(Ar)或氙(Xe)原子首先被电离,然后被电位加速,产生高能量的 Ar^+ 进入充满氩气的原子枪,原子枪内 Ar^+ 与 Ar 发生电荷交换,产生高能量的中性 Ar 原子束对样品靶进行轰击,使样品分子离子化。

液体二次离子质谱(LSIMS)与快原子轰击电离比较相似,不同之处是它使用的是离子束。由铯灯丝产生 Cs^+ 离子束,经加速后打在涂有样品的靶上,使之产生二次离子,引入质量分析器。

快原子轰击电离和液体二次离子质谱样品被混合在黏稠液体基质中并涂于靶上,基质必须具有低的蒸气压,对被分析样品具有良好的溶解性。常用的基质材料有:甘油、硫代甘油、三乙醇胺、3-硝基苄醇、聚乙二醇等,其中以甘油最常用。当快原子轰击到靶上时,部分能量使样品蒸发并电离,有些则以其他方式消散。

快原子轰击电离和液体二次离子质谱产生准分子离子峰 $[M+H]^+$(质子转移)、$[M+Na]^+$(若有金属盐存在),还可能与基质加合产生加合离子 $[M+G+H]^+$(G 为基质分子)。另外,快原子轰击还会产生一定的碎片离子,提供结构信息。快原子轰击电离的最大缺点是基质会产生相应的峰,谱图中总是存在大量的基质离子峰,使得到的谱图比较复杂,特别是在低质荷比端干扰较大,还有可能淹没一些重要的碎片离子。

快原子轰击电离和液体二次离子质谱适用于分析极性大的化合物,广泛应用于分析药物、生物大分子(多糖、肽、蛋白质)和金属有机化合物。

(6)基质辅助激光解析电离

基质辅助激光解析电离(MALDI)是20世纪80年代后期发展起来的一种新型的软电离技术,它的原理是:将样品分散于基质(样品:基质=1:10 000)中形成共结晶薄膜,用一定波长的脉冲式激光照射样品与基质,基质分子从激光中吸收能量传递给样品分子,使样品分子瞬间进入气相并电离。基质辅助激光解析电离主要通过质子转移得到单电荷离子M^+和$[M+H]^+$,也会与基质产生加合离子,有时也会得到多电荷离子,由于这些离子的过剩能量很少,因此较少产生碎片离子。

基质的选择主要取决于所用激光的波长(基质的吸收波长应与激光的波长吻合),应用最多的基质是烟酸和芥子酸,表6-1归纳了几种常用的基质及其适用的波长。

表6-1 基质辅助激光解析电离常用基质

基质	性状	适用波长	应用
烟酸	固体	266 nm, 2.94 μm, 10.6 μm	蛋白质
2,5-二羟基苯甲酸	固体	266 nm, 2.94 μm, 10.6 μm	蛋白质
芥子酸	固体	266 nm, 337 nm, 355 nm, 2.94 μm, 10.6 μm	蛋白质
α-氰基-4-羟基肉桂酸	固体	33 7nm, 355 nm	蛋白质
3-羟基吡啶甲酸	固体	337 nm, 355 nm	核酸,苷
2-(4-羟基苯偶氮)苯甲酸	固体	266 nm, 337nm	蛋白质,苷
琥珀酸	液体	2.94 μm, 10.6 μm	蛋白质,核酸
间硝基苄醇	液体	266 nm	蛋白质
甘油	液体	2.94 μm, 10.6 μm	蛋白质
邻硝苯基辛基醚	液体	266 nm, 337 nm, 355 nm	合成高分子

基质辅助激光解析电离能使一些难电离的化合物电离,特别是生物大分子化合物(蛋白质、核酸和肽类化合物)的分析获得成功;另外,基质辅助激光解析电离很少产生碎片离子,可用于混合物的直接分析;由于应用脉冲式激光,基质辅助激光解析电离特别适合与飞行时间质谱(TOF)相配,也可以与傅里叶变换质谱联用。基质辅助激光解析电离的缺点是由于使用基质,会产生背景干扰。

(7)场解吸电离

场解吸电离(FD)的原理是将样品涂布在表面经活化有微探针的发射丝上,在离子源内,发射丝通弱电流,样品分子从发射体上获得能量并解吸,扩散到高场强的发射区进行离子化。场解吸电离通常得到分子离子峰 M⁺,而[M+H]⁺丰度较低,只有一些极性较强的化合物会出现较强的[M+H]⁺峰;由于得到的 M⁺、[M+H]⁺多余的能量很少,所以碎片离子峰非常少。

场解吸电离的优点是不需要样品汽化,因此,特别适合于难汽化和热稳定性差的固体样品的分析,在天然产物的研究上有广泛应用;也可用于混合物分析,不需要分离直接就能得到混合物的组分数和相对分子质量的信息;由于不用基质,几乎没有背景干扰。

6.1.3 质量分析器

质量分析器是质谱仪的核心部分,质谱仪的类型就是按质量分析器来划分的。它的作用是将离子源内得到的离子按质荷比分离并送入检测器检测。

(1)扇形磁场质量分析器

扇形磁场质量分析器分单聚焦质量分析器和双聚焦质量分析器两种,它们的不同之处是:单聚焦质量分析器由扇形磁场组成,双聚焦质量分析器由扇形磁场和扇形电场组成。

在离子源中形成的不同质荷比的离子经一定加速电压加速后,获得动能为 zeV,则有

$$\frac{1}{2}mv^2 = zeV \qquad (6-1)$$

式中,m 为离子质量;v 为加速后的离子速度;V 为加速电压;ze 为离子所带电荷(z 为正整数,e 为一个电子的电荷)。当被加速的离子进入扇形磁场后,受磁场的作用力做圆周运动。

$$Bzev = \frac{mv^2}{r} \qquad (6-2)$$

式中,B 为磁场强度;r 为离子在磁场中的运动轨道半径。联立式(7-1)和式(7-2)可得

$$r = \frac{1}{B}\left(\frac{2mV}{ze}\right)^{1/2} \qquad (6-3)$$

由式(6-3)可知,质量不同的离子具有不同的轨道半径,质量越大,轨道半径就越大。这说明,磁场对不同质荷比的离子具有质量色散作用,可单独作为质量分析器。当仪器将离子的运动半径固定后,式(6-3)可转化为

$$\frac{m}{z} = k\frac{B^2}{V} \qquad (6-4)$$

式中,k 为常数;这表明离子的质荷比(m/z)与磁场强度的平方成正比,与加速电压成反比;若将加速电压固定,通过磁场强度扫描就可将样品分子生成的各种质荷比(m/z)的离子分离。而由扇形磁场组成的质量分析器成为单聚焦质量分析器。

在实际情况中,离子源中生成的离子在加速前的初始动能并非绝对为零,经加速电压加速后离子的实际动能也稍有差别,因此,同一质荷比的离子在扇形磁场中的运动半径也稍有不同,这就是单聚焦质量分析器不能获得高分辨力的原因。

在扇形磁场的前面加一个扇形静电场,扇形静电场由两个同心扇形柱电极组成,两电极间保持一定电位差,加速后的离子在进入扇形磁场前先进入扇形电场,由于受电场力的作用做圆周运动,则有

$$zeE = \frac{m\upsilon^2}{r_e} \qquad (6\text{-}5)$$

式中,E 为静电场强度;r_e 为离子在静电场中的运动半径。联立式(6-1)和式(6-5)得

$$r_e = \frac{2V}{E} \qquad (6\text{-}6)$$

当 E 一定时,改变加速电压,离子的运动半径随之变化,可见扇形静电场是一个能量分析器。在静电场后加一狭缝,则进入磁场的离子几乎具有相同的动能,使分辨力大大提高,因此双聚焦质量分析器(见图6-3)具有能达到 10 000 以上的高分辨力。

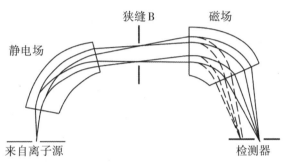

图6-3 双聚焦质量分析器

(2)四极质量分析器

四极质量分析器又称四极滤质器,是由四根平行圆形棒状电极组成的,如图6-4所示。在一对电极上加电压 $U+V\cos\omega t$,另一对电极上加电压 $-(U+V\cos\omega t)$。其中 U 是直流电压,$V\cos\omega t$ 是射频电压。从离子源出来的具有一定能量的离子从四极质量分析器的一端进入,在直流电压和射频电压的作用下沿四极杆的中心轴线波动前行。在场半径 r_0 固定的情况下,保持 U/V 为常数,对于一定的直流电压和射频频率,只有某一 m/z 的离子才能沿四极杆的中心轴线运动前行,并到达检测器;其他 m/z 的离子在通过时会撞击在四极质量分析器上,不能到达检测器而被过滤掉。在实际仪器中,场半径 r_0 是一定的,若固定 ω,在保持 U/V 为常数前提下对直流电压和交流电压连续扫描,就可把不同 m/z 的离子分离并检测。

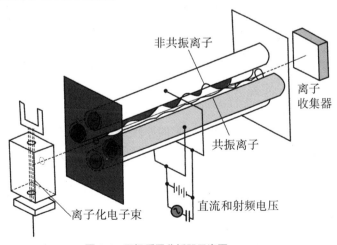

图6-4 四极质量分析器示意图

四极质量分析器的优点是体积小、结构简单、质量小、价格低,是应用最广的质谱计;它扫描速度快,特别适合与色谱联用;另外,四极质量分析器可以自身串联构成串联质谱仪,还以与其他质量分析器串联构成串联质谱仪。由于不需要使用狭缝分离,所以具有较高的灵敏度。它的缺点是:分辨力不够高,检测的$m/z<5\ 000$。

(3)离子阱质量分析器

离子阱质量分析器与四极质量分析器有些相似,一般由三个电极组成:上下两端一对双曲面状的环形电极,左右两端是双曲面状的端盖电极,环形电极加射频交流电压(见图6-5)。端盖电极则有三种工作方式:第一种是固定射频电压,而且环状电极和端盖电极之间没有直流电压,所有达到一定阈值的质荷比的离子都被束缚于离子阱中,随着射频电压的逐步提高,阈值也随之提高,一定质荷比的离子被依次弹出到达检测器;第二种是两端盖电极间加直流电压,适当的电压使在一定阈值的质荷比的离子被束缚于阱中,它可使少到只有一种质荷比的离子被选择,这是离子阱使用最多的一种工作方式;第三种就是在端盖电极上除了加直流电压外还加一交变电场,对一特定离子选择性地加上动能,在辅助电场的作用下,被选择离子的动能低速增加,同时也产生离子的碎裂,相当于MS/MS,因此离子阱自身可做串联质谱,只是它是时间上的串联。

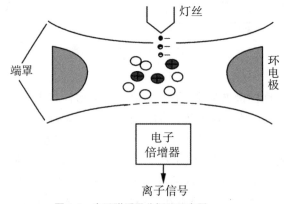

图6-5 离子阱质量分析器示意图

离子阱可直接在阱中使样品电离,在一端盖电极上开一微孔,灯丝发射的电子由微孔进入阱中使样品电离;也可以使用外部离子源。将离子源中产生的离子注入阱中,使加载环形电极上的射频电压逐渐增大,离子将按质荷比由小到大依次离开离子阱,到达检器被检测。

离子阱质量分析器具有结构简单、价格低、灵敏度高的特点,检测的质量范围大;若采用外部离子源,所得谱图便于与标准谱比较,还可与色谱联机。它的缺点是:若采用阱内直接电离方式,得到的质谱图与标准谱有一定差别,难以比较。

(4)飞行时间质量分析器

飞行时间质量分析器的核心是漂移管,它的原理是:离子源中产生的离子经一脉冲电压同时引出离子源,由加速电压V加速后具有相同的动能到达漂移管,不同质量的离子的运动速度为$v=(2zeV/m)^{1/2}$,经过长度为L的漂移管需要的时间为

$$t = L\left(\frac{m}{2zeV}\right)^{1/2} \tag{6-7}$$

由式(6-7)可知,质荷比不同的离子因飞行速度不同,经过同一距离后到达检测器所得时间也不同,从而把不同质荷比的离子分离,其原理见图6-6。

飞行时间质量分线器的分辨力一般为10 000左右,这是因为在实际情况中,相同质量的离子由于到达漂移管口的时间略有差异或动能略有不同,都会使仪器分辨力下降。采用二级加速或离子反射技术能使分辨力大大提高。采用比较先进的三级离子反射,可使分辨力达到18 000左右。

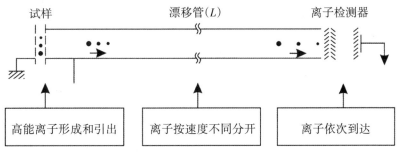

图6-6　飞行时间质谱仪原理

由飞行时间质谱仪原理可知:飞行时间质谱仪对检测离子的质量是没有上限的,特别适用于生物大分子的测定;由于没有狭缝,因而灵敏度高,而且不同质荷比的离子同时检测,适合做串联质谱的第二级;扫描速度快,适合于研究极快的过程,也适合与色谱联用;另外,飞行时间质量分析不需要磁场也不需要电场,只需直线漂移空间,因此仪器结构简单,便于维护。其缺点是分辨力随质荷比的增加而降低。

(5)傅里叶变换离子回旋共振质量分析器

傅里叶变换离子回旋共振质量分析器置于强磁场(现多为超导磁场)中,离子源中产生的离子沿垂直于磁场方向进入分析器,并被加在垂直于磁场方向的俘获电压作用而被限制于分析室中。由于磁场的作用,离子沿垂直于磁场的圆形轨道回旋,回旋频率(ω)仅与磁场强度和离子的质荷比有关,而和离子的运动速度无关,因此,在不同位置的相同m/z的离子都以相同的频率回旋运动,其运动速度只影响其回旋半径。射频电极向离子施加一脉冲电压,当射频电压的频率正好与离子回旋的频率相同时,离子将共振吸收能量,使其运动速度和回旋轨道半径增大,但频率不变;当一组离子达到同步回旋后,在接收电极上产生镜像电流,两个接收电极通过一个电阻与地相接;当在其中回旋的离子离开第一个电极而接近第二个电极时,外部电路中的电子受正离子电场的吸引而向第二个电极集中;在离子回旋的另半周,外电路的电子向反方向运动。这样,在电阻的两端形成一个很小的交变电流,其频率与离子回旋的频率相同,根据镜像电流的频率可以计算出离子的质量。

傅里叶变换离子回旋共振质量分析器具有很高的分辨力,在$m/z=1000$时,仪器的分辨力可达$1×10^6$,远远超过其他质谱仪,在一定的频率范围内,只要有足够长的时间采样,就能获得高分辨结果。傅里叶变换质谱仪一般采用外电离源,可采用各种电离方式,也便于与色谱联用;另外,傅里叶变换质谱仪的质量范围与磁场强度成正比,可分析相对分子质量非常大的化合物。

(6)串联质谱

串联质谱是将多个质量分析器依次相连,理论上可以实现$n=2\sim9$级的串联,但在实际应用中多为2~3级的串联,尤以二级串联质谱(MS/MS)为最多,其原理是:在离子源中产生的离子由第一级质谱分离检测,并从中选出感兴趣的离子作为"母离子"引入碰撞室,诱导碰撞活化使之进一步碎裂,产生的"子离子"由第二级质谱分离检测,得到结构信息。由于质量分析器有多种类型,为利用各种质量分析器的特点和满足不同研究的需要,组成的质谱/质谱仪器的结构也越来越多。使用较多的几种系统有串联四极杆质谱、磁质谱与四极杆质谱串联、双聚焦扇形磁质谱、四极杆质谱与飞行时间质谱串联,这些被称为空间序列质谱/质谱仪。离子阱和傅里叶离子回旋共振质谱可以先选择储存某一 m/z 的离子,再观察其反应,而不需要与其他质量分析器串联,自身就可实现质谱/质谱的串联,这两种被称为时间序列质谱/质谱仪。

串联四极质谱是将三个四极质量分析器串联起来,称为三重四极质谱。第一级和第三级是正常的质量分析器,第二级四极质量分析器相当于一个诱导碰撞活化室(使"母离子"碎裂),产生的"子离子"在第三级四极质量分析器中分离,得到分子离子的质谱信息。

四极质谱与飞行时间质谱串联也是应用较多的质谱/质谱仪(Q-TOF)。它的主要优点是扫描速度快和灵敏度高,把飞行时间质谱作为第二级,还能进行高分辨测定。

串联质谱在对已知化合物和未知化合物的研究中应用越来越广泛。通过"子离子"提供的结构信息为判断某一化合物的存在或推测未知化合物的结构提供依据;另外,也可在样品未经预先分离的情况下直接进行分析,这是一种非常有用的筛选手段。

6.2   有机质谱中的离子

有机化合物分子在离子源中产生的离子有:分子离子、碎片离子、同位素离子、亚稳离子、多电荷离子、离子–分子反应生成的离子和负离子等。

6.2.1 分子离子

有机化合物分子在一定能量电子的轰击下失去一个电子,形成带一个正电荷的离子,即分子离子,以 $M^{+\cdot}$ 表示,表示分子离子带有一个单位的正电荷,"·"表示它有一个不成对电子,是一个奇电子离子,也是一个游离基离子。在多数情况下,分子离子是不稳定的,会碎裂成一个带正电荷的碎片和一个不稳定的游离基,这些碎片还可进一步碎裂。

分子离子是质谱中非常重要的离子。电子轰击质谱中通常产生单电荷离子。分子离子质荷比(m/z)等于该化合物的相对分子质量,对分子离子的判别非常重要。

6.2.2 碎片离子

分子离子在离子源中进一步碎裂生成的离子为碎片离子。在电子轰击电离源中,由于70eV的电离电压使分子离子获得较大的剩余能量,发生多级和多途径的碎裂,生成一系列丰度不等的碎片离子,因此,碎片离子的种类和丰度与分子离子的结构密切相关,这对推测分子结构具有重要意义。

6.2.3 同位素离子

在自然界中,组成有机化合物的常见元素中很多元素都有非单一的具有一定丰度的同位素存在,表6-2列出了组成有机化合物常见元素的同位素及其丰度。在质谱中,分子离子和碎片离子通常是指丰度最大的同位素组成的离子,分子离子和碎片离子的质荷比以丰度最大的同位素质量来计算。由相同元素其他质量的同位素组成的离子就是同位素离子,在质谱图中该峰为同位素峰:X质荷比由相应的同位素质量来计算,因此,在质谱图中分子离子和碎片离子的旁边会有相应的同位素峰出现。

表6-2　有机化合物中常见的同位素及其丰度

元素	同位素	相对丰度/%	同位素	相对丰度/%	同位素	相对丰度/%
碳	^{12}C	100	^{13}C	1.1	—	—
氢	^{1}H	100	^{2}H	0.015	—	—
氮	^{14}N	100	^{15}N	0.37	—	—
氧	^{16}O	100	^{17}O	0.04	^{18}O	0.2
硅	^{28}Si	100	^{29}Si	5.1	^{30}Si	3.35
磷	^{31}P	100	—	—	—	—
硫	^{32}S	100	^{33}S	0.78	^{34}S	4.4
氟	^{19}F	100	—	—	—	—
氯	^{35}Cl	100	—	—	^{37}Cl	32.5
溴	^{79}Br	100	—	—	^{81}Br	98
碘	^{127}I	100	—	—	—	—

同位素离子的丰度与组成该离子的元素种类和原子数目有关,分析离子的同位素离子对判断相应离子的元素组成具有重要的作用。

6.2.4 亚稳离子

离子源中形成的离子,在到达检测器过程中不发生进一步的碎裂,这些离子称为稳定离子;而有些离子,在从离子源到达检测器的过程中会发生进一步的碎裂,这样的离子称为亚稳离子。亚稳离子一般检测不到,需用特殊的技术才能检测到。

亚稳离子(母离子)通常离解生成另一个离子(子离子)和一个中性碎片,利用亚稳离子的信息,找出相应的母离子和子离子,是研究质谱裂解机理的重要手段。

6.2.5 多电荷离子

对大多数电离方式,在离子源中生成的离子绝大部分只失去一个电子,带一个单位正电荷,为单电荷离子,但有些有机化合物分子会失去多个电子,生成的离子为多电荷离子。

在电子轰击电离源中生成的一般为单电荷离子,很少情况会形成双电荷离子,且相对丰度较低对某些电离方式,如电喷雾电离,由于其电离原理的原因,容易生成多电荷离子,所带电荷可达几百,使离子的质荷比降低,大大扩大了相对分子质量的检测范围。

6.2.6 离子–分子反应生成的离子

质谱仪都是在高真空条件下工作的,一般不会发生离子–分子反应,但对化学电离而言,就是通过反应气离子和样品分子发生离子–分子反应而使样品分子电离,反应得到的[M+H]⁺、[M+CH₃]⁺或[M-H]⁺等离子就是离子–分子反应生成的离子,这些离子也被称为准分子离子。

6.2.7 负离子

对多数电离方式而言,化合物电离生成的多为正离子而很少生成负离子,如在电子轰击电离中,一般均检测正离子。但在化学电离中,某些含氯、氧、氮等杂原子的化合物会电离生成负离子,在电喷雾电离中某些含-COOH、-OH基团的化合物也会电离生成负离子,对这些化合物选择负离子检测才能得到较好的效果。

6.3   质谱定性分析

一张质谱图包含着化合物的丰富信息。在特定的实验条件下,每个分子都有自己特征的裂解模式。很多情况下,根据质谱图提供的分子离子峰、同位素峰以及碎片离子峰,就可以确定化合物的相对分子质量、分子的化学式和分子的结构。对于结构复杂的有机化合物,还需借助于红外吸收光谱、紫外光谱、核磁共振波谱等分析方法进一步确认。

质谱的人工解析是一件非常困难的工作。由于计算机联机检索和数据库越来越丰富,靠人工解析质谱的情况已经越来越少,但是,作为对分子裂解规律的了解和对计算机检索结果的检验和补充手段,人工解析质谱图还有它的作用,特别是对谱库中不存在的化合物的质谱解析。因此,学习一些质谱解析方面的知识仍然是必要的。

6.3.1 质谱的表示方法

质谱的表示方法有三种:质谱图、质谱表和元素图。

(1)质谱图

质谱图是记录正离子质荷比(m/z)及离子峰强度的图谱。由质谱仪直接记录下来的图是一个个尖锐的峰,而常常见到的是经过计算机整理的、以直线代替信号峰的条图(棒图)。条图比较简洁、清晰、直观,横坐标以质荷比(m/z)表示,纵坐标以离子峰的强(丰)度表示(质谱中离子峰的峰高称为丰度)。质荷比(m/z)反映离子的种类,离子峰强度反映离子的数目。

把强度最大的离子峰人为地规定为基峰或标准峰(100%),将其他离子峰与基峰对比,这种表示方法称为相对丰度法(如图6-7所示),是最常用的一种表示方法。纵坐标还可以用绝对丰度表示,以总离子流的强度为100%来计算各离子所占份额(%)。文献记载中一般采用条图。

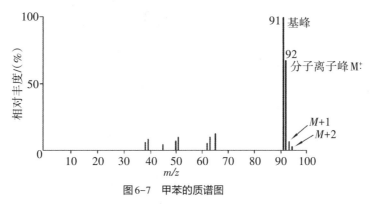

图6-7 甲苯的质谱图

(2)质谱表

质谱表是用表格的形式给出离子的质荷比(m/z)及离子峰强度。这种表示方法能获得离子丰度的准确值,对定量分析非常实用,对未知物的结构分析不太合适,因为一些重要特征不如条图清楚可见。甲苯的质谱表见表6-3。

表6-3 甲苯的质谱表

m/z值	38	39	45	50	51	62	62	65
相对丰度(%)	4.4	5.3	3.9	6.3	9.1	4.1	8.6	11

m/z值	91(基峰)	92(分子离子峰)	93(M+1)	94(M+2)
相对丰度(%)	100	68	4.9	0.21

(3)元素图

元素图是将高分辨率质谱仪所得结果,经计算机按一定程序运算而得的。由元素图可以了解每个离子的元素组成,对结构解析比较方便。

6.3.2 重要有机化合物的裂解规律

了解典型化合物的裂解规律,对质谱解析是非常有利的。下面介绍几种重要有机化合物的质谱裂解规律。

(1)饱和烷烃

饱和烷烃裂解的特点如下。

①分子离子峰较弱,随碳链增长强度降低甚至消失。

②生成一系列m/z相差14的奇数质量的C_nH_{2n+1}碎片离子峰,即m/z=15,29,43,57,…。

③基峰为m/z=43($C_3H_7^+$)或m/z=57($C_4H_9^+$)的离子。

④支链烷烃裂解优先发生在分支处,形成稳定的仲碳正离子或叔碳正离子。

十二烷的质谱图如图6-8所示。

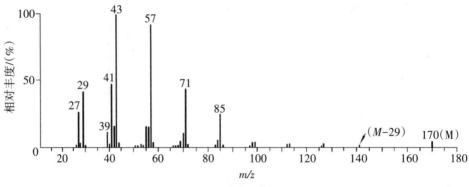

图6-8　十二烷的质谱图

(2)烯烃

烯烃裂解的特点如下。

①分子离子峰较强。

②有明显的一系列C_nH_{2n-1}的碎片离子峰,通常为41+14n,n=0,1,2,…。

③基峰为m/z=41($C_3H_5^+$、$CH_2=CHCH_2^+$)的离子,离子峰较强,是烯烃的特征峰之一。

(3)芳烃

芳烃裂解的特点如下。

①分子离子峰强。

②在烷基苯中,基峰在m/z=91($C_7H_7^+$)处,是烷基苯的重要特征;m/z=91的离子失去1个乙炔分子生成m/z=65的离子,失去2个乙炔分子生成m/z=39的离子(这些离子峰强度较小);若烷基芳烃α-C上的H被取代,基峰变成m/z=91+14n;若存在γ-H时,易发生麦氏重排,产生m/z=92重排离子峰。

$$\text{〔benzyl〕}-CH_2-R^+ \cdot \xrightarrow{-R\cdot} \text{〔tropylium〕}^+ \xrightarrow{-HC\equiv CH} \text{〔cyclopentadienyl〕}^+$$
$$m/z=91 \qquad m/z=65$$

③苯的系列特征离子:m/z=77($C_6H_5^+$),m/z=78($C_6H_6^+$),m/z=79($C_6H_7^+$)。苯离子m/z=77($C_6H_5^+$)失去1个乙炔分子生成m/z=51的离子(离子峰强度较小)。

综上所述,烷基苯的系列特征离子为m/z=39,51,65,77,91,…。

$$\text{〔〕}^+ \xleftarrow{+\cdot H} \text{〔〕}^{+\cdot} \xrightarrow{-\cdot H} \text{〔〕}^+ \xrightarrow{-HC\equiv CH} \text{〔〕}^+$$
$$m/z=79 \qquad m/z=78 \qquad m/z=77 \qquad m/z=51$$

（4）脂肪醇

脂肪醇裂解的特点如下。

①分子离子峰很弱或不存在。

②醇易失去一分子水,并伴随失去一分子乙烯,生成$(M-18)^+$和$(M-46)^+$峰。

③醇裂解遵循较大基团优先离去原则:伯醇形成很强的m/z=31峰($CH_2=OH^+$);仲醇为m/z= 45($CH_3CH=OH^+$),59,73,…;叔醇m/z=59((CH_3)$_2CH=OH^+$),73,87,…;以m/z=31,45,59等离子与烯烃相区别。

（5）酚和芳醇

酚和芳醇裂解的特点如下。

①分子离子峰很强。

②最具特征性的离子峰是由于失去CO或CHO基团形成的$(M-28)^+$或$(M-29)^+$峰,如苯酚得到m/z=65,66的碎片离子。

③甲基取代酚、甲基取代苯甲醇等都有失水形成的$(M-18)^+$峰,邻位时更易发生。

④苯酚的$(M-1)^+$峰不强,甲酚和苯甲醇的$(M-1)^+$峰很强,芳香醇还伴有$(M-2)^+$或$(M-3)^+$峰。

（6）醛

醛裂解的特点如下。

①分子离子峰明显,芳醛比脂肪族醛强。

②α裂解形成的与分子离子峰一样强或更强的$(M-1)^+$峰是醛的特征峰。

③$C_1 \sim C_3$的脂肪族醛的基峰是CHO^+(m/z=29),高碳数直链醛中会形成$(M-29)^+$峰。

④芳醛易形成苯甲酰阳离子($C_6H_5CO^+$,m/z=105)。

⑤具有γ-H的醛,能发生麦氏重排,产生m/z=44的离子峰,若α位有取代基,就会出现m/z= 44+14n的离子峰,形成的重排峰离子往往是高碳数直链醛的基峰。

苯甲醛的质谱图如图6-9所示。

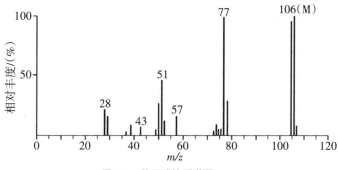

图6-9 苯甲醛的质谱图

6.3.3 相对分子质量和分子式的确定

有机质谱是有机化合物结构分析的重要手段,它能提供化合物相对分子质量、元素组成、结构等信息,通过碎片离子并结合其他分析手段,来推测化合物的分子结构。

（1）分子离子峰的判别

在纯有机化合物的电子轰击电离质谱图中,分子离子是分子电离但未碎裂的离子,在不考虑同位素峰和没有离子-分子反应生成的离子的前提下,分子离子是谱图中质量数最高的离子,且是奇电子离子,这是必要条件但不是充分条件。由于有些化合物的分子离子非常不稳定,分子离子峰很弱甚至不出现,因此最高质量数的峰不一定是分子离子峰,有时还会有$[M-1]^+$或$[M+1]^+$同时存在,对分子离子峰的判别造成干扰,可从下面几点来帮助识别。

①"氮"规则。

有机化合物主要由碳、氢、氧、氮、硫、磷、卤素以及不常见的硅、硼、砷等元素组成,其中碳、氧、硫等最丰同位素的质量数及化合价均为偶数,氢、卤素、磷等最丰同位素的质量数及化合价均为奇数,只有氮的最丰同位素的质量数为偶数而化合价却为奇数。因此,由这些元素组成的有机化合物,凡不含氮或含偶数个氮原子的分子,其相对分子质量一定是偶数;含奇数个氮原子的分子,其相对分子质量一定是奇数,这就是"氮规则"。该规则有助于从质谱图中判别分子离子,也有助于推测化合物的类型。另外,"氮规则"还可以帮助我们判断质谱图中的碎片离子是奇电子离子还是偶电子离子:若是奇电子离子,则含奇数个氮原子的奇电子离子的质荷比为奇数,含偶数个氮原子的奇电子离子的质荷比为偶数;若是偶电子离子,则含奇数个氮原子的偶电子离子的质荷比为偶数,含偶数个氮原子的偶电子离子的质荷比为奇数。

②是否有合理的中性丢失。

合理的中性碎片的丢失是判断分子离子峰的重要依据。一般情况下,M-15(M-CH$_3$)、M-17(M-OH)、M-18(M-H$_2$O)、M-31(M-OCH$_3$)等都是合理的。一般认为质量差在4~13、21~24是不合理的,因为有机化合物分子不含这些质量数的基团,M-14也是较少见的,一般情况下是由同系物引起的。

③分子离子峰的强度和化合物结构类型的关系。

分子离子峰的强度和分子离子的结构稳定性有关。

下列化合物在电子轰击电离质谱中通常有显著的分子离子峰,M+稳定性次序大致为:芳香族化合物>共轭多烯化合物>脂环化合物>有机硫醚,硫酮>短直链烷烃>硫醇。这些化合物通常能给出较强的分子离子峰,尤以纯芳香族的结构最为稳定,分子离子峰往往为基峰;烯烃的分子离子峰的丰度比相应的烷烃要强,且对称性越高其分子离子峰丰度越大。

下列化合物通常能显示分子离子峰,按给出分子离子峰能力依次递减的次序为:酮>醛>胺>酯>醚>羧酸>酰胺~卤化物。

高支链化合物、腈、相对分子质量较大的脂肪醇、胺、缩醛、亚硝酸酯、硝基化合物的电子轰击电离质谱中分子离子峰丰度很低且有时看不到,通过降低电离电压可使分子离子峰的丰度增加,通过软电离的方式确认相对分子质量是很好的方式。

④M+峰和$[M+H]^+$、$[M-H]^+$及其他加合离子的辨别。

在电子轰击电离质谱中,有些化合物的分子离子峰虽然出现,但有时在其左右有超过正常同位素贡献的峰出现,多数情况为$[M+H]^+$或$[M-H]^+$峰,对分子离子峰的辨别产生干扰。通常酯、醚、胺、酰胺、腈、氨基酸酯和胺醇的分子离子峰一般很弱甚至不出现,$[M+H]^+$却相对较强,某些醇或某些含氨化合物可能有较强的$[M-H]^+$峰。

在化学电离质谱中经常出现$[M+H]^+$峰,若以甲烷为反应气体,往往还会产生$[M+C_2H_5]^+$和$[M+C_3H_7]^+$,使用异丁烷时会产生$[M+C_4H_9]^+$,使用氨气时会产生$[M+NH_4]^+$。若样品分子具有碱性则有利于产生$[M+H]^+$,样品分子具有酸性则有利于产生$[M-H]^+$。

在快原子轰击电离的正离子质谱中经常出现$[M+H]^+$峰,金属离子与有机化合物结合形成的加合离子有较强的强度,可帮助判断分子离子。常用的金属离子是碱金属离子,如K^+、Na^+、Li^+,若在制样时同时加入NaCl和LiCl,会产生一对$[M+Na]^+$和$[M+Li]^+$加合离子,$\Delta M=16$,通过这对准分子离子峰,从而确定样品相对分子质量。在快原子轰击电离的负离子质谱中出现$[M-H]^-$峰。

在电喷雾电离质谱中,通常小分子化合物的电喷雾质谱容易得到$[M+H]^+$、$[M+Na]^+$、$[M+K]^+$、$[2M+Na]^+$、$[2M+K]^+$、$[M+NH_4]^+$或$[M-H]^-$等单电荷离子,$[M+H]^+$和$[M+Na]^+$之间相差22,$[M+Na]^+$和$[M+K]^+$之间相差16,根据这些峰可推测化合物的相对分子质量。通常极性小分子或碱性分子常常得到的是正离子质谱,离子型化合物如季铵盐类,得到的是M^+;生物大分子如蛋白质、肽类、氨基酸和核酸则容易得到多电荷离子,如$[M+nH]^{n+}$、$[M+nNa]^{n+}$、$[M-nH]^{n-}$,并且所带电荷数随相对分子质量的增加而增加,通过数据处理系统或通过公式计算能够得到样品的相对分子质量。由于检测的是多电荷离子,这使得质量分析器的检测质量可提高几倍甚至更高。多电荷离子质谱图由一组不同质子化程度的多电荷离子峰组成,相邻两个峰相差一个质子,则有

$$M_1 = \frac{M + n_1 H}{n_1 H}, M_2 = \frac{M + n_2 H}{n_2 H}$$

$$n_2 = \frac{M_1 - H}{M_2 - M_1}$$

$$M = n_2 (M_2 - H)$$

式中,M_1和M_2是所选择的相邻两峰的质荷比,离子所含的质子数n和样品的相对分子质量M可通过计算得到。

(2)测定相对分子质量的其他技术

通常情况下,相对分子质量不是很大、汽化温度不是很高、分子结构比较稳定的有机化合物的相对分子质量通过电子轰击电离质谱就能得到,但有些有机化合物的电子轰击电离质谱中分子离子峰很小甚至不出现,难以确认。另外,有些有机化合物的分子结构不太稳定或汽化温度较高,难以通过电子轰击电离质谱得到相对分子质量的信息,需要借助其他的方法来获得相对分子质量信息。

①降低电子轰击能量。

通常将常用的70 eV降低为20 eV,以减少生成的分子离子继续碎裂,使分子离子的相对丰度增加,能够辨认。但此方法会使仪器灵敏度下降。

②使用软电离技术。

使用化学电离、场解吸电离、快原子轰击、电喷雾电离等软电离技术可以得到较强的分子离子或准分子离子峰,特别是对热不稳定或难汽化的化合物非常适用。

③制备衍生物。

对一些难汽化或结构不稳定的化合物,如醇类和酸类,用甲基化、乙酰化、三甲基硅烷化等化学方法使之转化为结构稳定且容易汽化的醚、酯和三甲基硅醚,然后进行电子轰击电离质谱测定,可以看到衍生物的分子离子峰,从而得到相对分子质量的信息。

(3)分子式的确定

①用低分辨质谱推测可能的分子式。

在低分辨质谱中得到的是单位质量的质荷比,它是丰度最高的同位素单位质量的总和。另

外,在 M+1、M+2 处有丰度较低的同位素峰出现,同位素峰的相对丰度和形态与化合物的元素组成密切相关。

表 6-2 列出了组成有机化合物常见元素及其同位素的相对丰度,其中,F、P、I 只有一个稳定质量数而无同位素的元素,对 M+1 和 M+2 同位素峰没有贡献;C、H、N 有质量数+1 的同位素,对 M+1 峰的丰度有贡献;C1、Br、S、Si 则有丰度较大质量数+2 的同位素存在,对 M+2 峰的丰度有贡献。因此,可利用分子离子峰及其同位素峰的特征来推测化合物的分子式。

a. 碳原子数目的确定。碳元素是组成有机化合物最基本的元素,^{12}C 和 ^{13}C 相对丰度比为 100∶1.11。对分子式为 $C_nH_mN_xO_y$ 的化合物,$(M+1)\%=1.1\%n+0.015\%m+0.37\%x+0.04\%y$,因此,碳是对 M+1 峰丰度贡献最大的元素,用 M+1 峰的丰度来推算碳原子的数目有一定的准确性。由于 ^2H 和 ^{17}O 的丰度很小,在推算碳原子数目时对 M+1 峰丰度的贡献可以忽略;^{14}N 与 ^{15}N 的丰度比为 100∶0.37,^{15}N 对 M+1 峰丰度的贡献必须考虑;若有硅、硫存在时,^{29}Si 和 ^{33}S 的相对丰度分别为 5.1% 和 0.78%,它们对 M+1 峰丰度的贡献也必须考虑。所以,M+1 峰的相对丰度可估算碳原子数目的上限。碳原子数上限$\approx100[(M+1)/M]\div1.1$。

b. 氯和溴元素的判别和原子数量的确定。氯的同位素 ^{35}C 和 ^{37}Cl 的比值接近 3∶1,溴的同位素 ^{79}Br 和 ^{81}Br 的比值接近 1∶1,在质谱图中较易识别。

c. 硫和硅元素的识别。硫的同位素 ^{34}S 的相对丰度约为 4.4%,硅的同位素 ^{30}Si 的相对丰度为 3.35%。在没有氯、溴元素存在的情况下,当 M+2 处的相对丰度大于 4.4% 时可考虑有硫元素的存在,大于 3.35% 时可考虑有硅的存在。但由于硫和硅的同位素相对丰度相差不大且还存在测量误差。因此,要确定是硫还是硅需通过其他性质和信息来帮助判断。

d. 其他常见元素的识别。在组成有机化合物的常见元素中,氟、碘、磷是没有同位素存在的元素,无法从 M+1 和 M+2 峰来推测这些元素的存在,只能借助于碎片离子来帮助判断,如 M-19 (F)、M-20(HF)或 M-50(CF_2)等碎片峰可帮助判断氟的存在;M-127 可帮助判断碘的存在;^{18}O 的相对丰度为 0.2%,在没有其他+2 同位素存在时,M+2 峰的相对丰度可推测氧原子数。

在用低分辨质谱推测有机化合物分子式时,由于有些化合物的质谱中有[M+H]存在,会对[M+1]的丰度产生干扰,这时可借助核磁共振、红外光谱等其他分析手段。

②用高分辨质谱推测可能的分子式。

在自然界中,任何一种元素及其同位素的相对原子质量都不是整数。规定了 ^{12}C 的相对原子质量为 12.0000,其他元素的原子质量和 ^{12}C 的质量之比即为该元素的相对原子质量,如 ^1H 的相对原子质量为 1.00783,^{14}N 为 14.00307,^{16}O 为 15.99491。表 6-4 列出了有机化合物常见元素及其同位素的精密质量。不同元素不同数目的原子组成的化合物的整数质量可以相同,但小数位却是不同的,如 N_2、CO、C_2H_4 的相对分子质量的整数位都是 28,但对于精密质量,N_2 为 28.00614,CO 为 27.99491,C_2H_4 为 28.03132,用高分辨质谱可测得小数点后 4 位,实验误差为±0.005,就可以把上述三种化合物区别开来。

利用高分辨质谱测定,在一定的误差范围内通常会给出一些分子离子及碎片离子可能的元素组成,这些都能帮助我们来确定分子式和推测分子结构。

表6-4　有机化合物常见元素及其同位素的精密质量

元素	同位素	精密质量	同位素	精密质量	同位素	精密质量
碳	^{12}C	12.00000	^{13}C	13.00336	—	—
氢	^{1}H	1.00783	^{2}H	2.0141	—	—
氮	^{14}N	14.00307	^{15}N	15.00011	—	—
氧	^{16}O	15.99491	^{17}O	16.99914	^{18}O	17.99916
硅	^{28}Si	27.97693	^{29}Si	28.97649	^{30}Si	29.973.76
磷	^{31}P	30.97376	—	—	—	—
硫	^{32}S	31.97207	^{33}S	32.97146	^{34}S	33.96786
氟	^{19}F	18.99840	—	—	—	—
氯	^{35}Cl	34.96885	—	—	^{37}Cl	36.96590
溴	^{79}Br	78.91830	—	—	^{81}Br	80.91630
碘	^{127}I	126.90450				

③不饱和度的计算。

不饱和度是指化合物或离子中所有环和双键数的总和,也称作环加双键值,如环氧乙醚的不饱和度值为1,苯的不饱和度为4。对分子式为$C_xH_yN_zO_n$的化合物,不饱和度可用公式(6-11)计算

$$UN = 1 + (2x - y + z)/2 \qquad (6-11)$$

式中,x、y、z分别是分子或离子中C、H、N原子的数目(若化合物中含有其他杂原子的话,Si原子的数目应加在C上,P原子的数目加在N上,硫原子的数目加在O上,卤族元素的原子数目加在H上)。不饱和度的数值可帮助我们来判断离子的奇偶性:不饱和度数值为整数,则该离子是奇电子离子;不饱和度数值为半整数,则该离子是偶电子离子。另外,不饱和度还可以帮助我们推测化合物的类型:双键和环的不饱和度为1,炔基为2,苯环为4;若不饱和度值大于4,则可推测分子中可能有苯环;萘的不饱和度为7。

(4)结构式的确定

从未知物的质谱图推断化合物分子结构式的步骤大致如下。

①确定分子离子峰。由质谱中高质量端离子峰确定分子离子峰,求出相对分子质量;从峰强度可初步判断化合物类型及是否含有Cl、Br、S等元素;根据分子离子峰的高分辨数据、查贝农表,得到化合物的元素组成。

②利用同位素峰信息。利用同位素丰度数据,通过查贝农表,可以确定分子的化学式。使用查贝农表应注意两点:一是同位素的相对丰度是以分子离子峰为100为前提的;二是只适合于

含C、H、O、N的化合物。

③由分子的化学式计算化合物的不饱和度,即确定化合物中环和双键的数目。

④充分利用主要碎片离子的信息。从两方面入手:一方面是特别要研究高质量端的离子峰,质谱高质量端离子峰是由分子离子失去碎片形成的,从分子离子失去的碎片可以确定化合物中含有哪些取代基,从而推测化合物的结构;另一方面是研究低质量端离子峰,寻找不同化合物断裂后生成的特征离子和特征系列离子。例如:直链烷烃的特征离子系列为$m/z=15,29,43,57,71,\cdots$,烷基苯的特征离子系列为$m/z=39,65,77,91,\cdots$。根据特征离子系列可以推测化合物类型。

⑤综合上述各方面信息,提出化合物的结构单元。再根据样品来源、物理与化学性质等,提出一种或几种最可能的结构式。必要时,可联合红外吸收光谱和核磁共振波谱数据得出最后结果。

⑥验证所得结构。验证的方法有:a.将所得结构式按质谱裂解规律分解,看所得离子和未知物谱图是否一致;b.查该化合物的标准质谱图,看是否与未知谱图相同;c.寻找标样,做标样的质谱图,与未知物谱图比较等。

6.4　质谱定量分析

利用质谱进行定量分析时,根据扫描特定的质量范围,可将数据模式分为总离子流、选择离子监测及多反应监测。

6.4.1 总离子流(TIC)

在全扫描分析中,质量扫描范围较宽,把每个质量扫描的离子流信息叠加,画出随时间变化的总离子流,横轴是时间,纵轴是强度。总离子流图与高效液相色谱的紫外图非常相似,但与高效液相色谱相比,质谱能检测到更多的化合物,尤其是没有紫外吸收的化合物。总离子流是一个叠加图,叠加了每个质量扫描的离子流。当一个小分子流出高效液相色谱柱时,相对强度上升,在总离子流图上出现了一个峰,横轴是时间。每个质量的化合物都被记录在总离子流图上。找出感兴趣的化合物可能是困难的,因为许多化合物有相同的质量。化合物的天然质量不是鉴定的唯一数据。设置一个确定的质量,可画出一个提取离子流图,如图6-10所示。

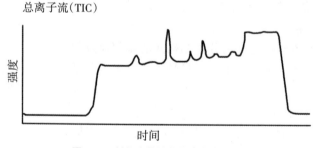

图6-10　某化合物的总离子流图

6.4.2 选择离子监测(SIM)

在选择离子监测中,质谱被设置为扫描一个非常小的质量范围,典型的是一个质量数的宽度。选择的质量宽度越窄,选择离子监测的确定度越高。选择离子监测图就是从非常窄的质量范围中得到的离子流图。只有被该质量范围选择的化合物才会被画在选择离子监测图中,如图6-11所示。图6-10和图6-11是同一个样品的谱图,而它们看起来很不相同。原因是在选择离子监测图中,画的是总离子流图中较少的组分,选择离子监测图是比总离子流图更确定的图。

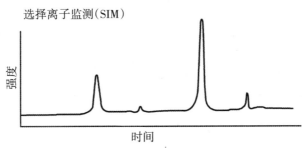

图6-11 某化合物的选择离子流图

然而,选择离子监测图仍显示了许多峰,不能唯一地确认我们感兴趣的化合物。许多化合物有同样的质量,在电喷雾电离中还有多电荷峰也和我们感兴趣的化合物有同样的 m/z 值。

6.4.3 多反应监测(MRM)

多反应监测被大多数科学家在质谱定量中使用,这种方式可监测一个特征的唯一的碎片离子,在很多非常复杂的基质中进行定量。多反应监测图非常简单,通常只包含一个峰。这种特征性使多反应监测图成为灵敏度高且特异性强的理想的定量工具,如图6-12所示。

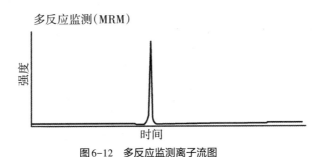

图6-12 多反应监测离子流图

127

6.5 质谱联用技术分析

质谱法是分析和鉴定各种化合物的主要工具,质谱仪能够对单一组分提供高灵敏度和特征的质谱图,但是分析混合物时,因为生成了大量 m/z 不同的碎片离子,使谱图无法得到圆满的解释。为此,研究人员将各种有效的分离手段与质谱仪联用,成为一类新的有效的分析方法,即所谓的联用技术。

6.5.1 气相色谱–质谱联用(GC–MS)

气相色谱与质谱联用(GC–MS)是分析复杂有机化合物和生物化学混合物的最有力的工具之一。色谱技术广泛应用于多组分混合物的分离和分析。将色谱和质谱技术进行联用,对混合物中微量或痕量组分的定性和定量分析具有重要的意义。就色谱仪和质谱仪而言,两者除工作气压以外,其他性能十分匹配。因此,可以将色谱仪作为质谱仪的前分离装置,质谱仪作为色谱仪的检测器而实现联用。由于色谱仪的出口压力为 $1.01325×10^5$ Pa(1标准大气压),流出物必须经过色谱–质谱连接器进行降压后,才能进入质谱仪的离子化室,以满足离子化室的低压要求。GC–MS是两种分析方法的结合,两者之间有直接连接、分流连接和分子分离器连接三种方式:

①直接连接只能用于毛细管气相色谱仪和化学离子化质谱仪的联用。

②分流连接器在色谱柱的出口处,对试样气体利用率低,因此,大多数的联用仪器采用分子分离器。

③分子分离器是一种富集装置,通过分离,使进入质谱仪气流中的样品气体的比例增加,同时维持离子源的真空度。常用的分子分离器有扩散分离器、半透膜分离器和喷射分离器等类型。

色谱可作为质谱的样品导入装置,并对样品进行初步分离纯化,因此,色谱–质谱联用技术可对复杂体系进行分离分析。因为色谱可得到化合物的保留时间,质谱可给出化合物的分子量和结构信息,故对复杂体系或混合物中化合物的鉴别和测定非常有效。

(1)气相色谱–质谱联用分析色谱条件的选择

气质联用色谱是由两个主要部分组成,即气相色谱部分和质谱部分。由于气相色谱的流出物已经是气相状态,可直接导入质谱。但气相色谱与质谱的工作压力相差几个数量级,开始联用时在它们之间使用了各种气体分离器以解决工作压力的差异。随着毛细管气相色谱的应用和高速真空泵的使用,现在气相色谱流出物已可直接导入质谱。对于气相色谱部分,应考虑以下色谱条件的选择与控制。

①载气的选择。

对于气相色谱–质谱联用仪器的联用,注意载气必须满足以下四个条件:

a.必须是化学惰性的;

b.必须不干扰质谱图;

c.必须不干扰总离子流的检测;

d.应具有使载气气流中的样品富集的某种特性,常用的气相色谱–质谱联用使用的载气是氦气。

②色谱柱的选择。

选择色谱柱时,应选择柱效高、惰性好、热稳定性好的色谱柱。气相色谱–质谱联用常用的色谱柱是毛细管柱,在使用时,经常会发生流失现象,其原因是:

a. 固定液涂渍不均匀,有缺陷;

b. 交联键合不完全,有小分子物质;

c. 老化不当,损失液膜;

d. 使用不当发生催化降解;

e. 柱子插入离子源的一头,外涂层(聚酰亚胺)也会进入离子源。

③柱温的选择。

选择柱温要兼顾几方面的因素。一般原则是:使最难分离的组分在尽可能好的分离前提下,采取适当低的柱温,但以保留时间适宜,峰形不拖尾为度。具体操作条件的选择应根据实际情况而定。对于宽沸程的多组分混合物,可采用程序升温法,即在分析过程中按一定速度提高柱温。在程序开始时,柱温较低,低沸点的组分得到分离,中等沸点的组分移动很慢,高沸点的组分还停留于柱口附近;随着温度上升,组分由低沸点到高沸点依次分离出来。

(2)气相色谱–质谱联用分析质谱条件的选择

气相色谱–质谱联用在分析测定时,对于质谱部分应考虑以下两个方面。

①扫描方式。

质谱的扫描方式常见的有两种,即全扫描(TIC)方式和选择离子扫描(SIM)方式,其中,全扫描方式用于定性分析,选择离子扫描方式用于定量分析。

a. 全扫描方式。进行全扫描时,应注意扫描质量起点和终点的选择,取决于待测化合物的分子量和低质量的特征碎片。每个色谱峰的扫描次数越多,峰形越好,对建立全扫描有利。阈值的设置不仅影响质谱峰数多少,而且影响色谱图的基线和峰的分离,倍增器工作电压影响全质量范围离子丰度。

b. 选择离子扫描方式。不是连续扫描某一质量范围,而是跳跃式的扫描某几个选定的质量。可应用于痕量分析及复杂基质的分析。

②离子源。

a. 电子轰击电离源。该种电离方式可提供丰富的结构信息,轰击电压50~70 eV,有机分子的电离电位一般为7~15 eV。这种电离方式结构简单,所得到的谱图是特征的、能表征组分的分子结构(目前大量的有机物标准质谱图均是用电子轰击电离源得到的)。使用电子轰击电离源时,样品必须能汽化,不适于难挥发、热不稳定的样品。该种电离方式只检测正离子,不检测负离子。

b. 化学电离源。离子室内的反应气受电子轰击,产生离子,再与试样分离碰撞,产生准分子离子。这种方式要求样品必须能汽化,适用于热稳定性好、蒸气压高的样品,不适于难挥发、热不稳定的样品。这种电离方式得到的谱图简单,易识别,可检测负离子,灵敏度高。但谱图的重现性差,故谱库中无化学电离源标准谱图。

(3)定性分析

通过气相色谱–质谱联用对试样的分析得到质谱图后,可通过计算机检索对未知化合物进行定性。检索结果可给出几个可能的化合物,并以匹配度大小顺序排列出这些化合物的名称、分子式、相对分子质量和结构等。使用者可根据检索结果和其他的信息,对未知物进行定性分析。

目前的气相色谱–质谱联用仪有几种数据库。应用最为广泛的有 NIST 库和 Willey 库,前者目前有标准化合物谱图 30 万张,后者有近 80 万张。此外还有毒品库、农药库等专用谱库。

(4)定量分析

采用全扫描或选择离子检测等方式,通过测定某一特定离子或多个离子的丰度,并与已知标准物质的响应比较,质谱法可实现高专属性、高灵敏度的定量分析。外标法和内标法是质谱常用的定量方法,内标法具有更高的准确度。质谱法所用的内标化合物可以是待测化合物的结构类似物或稳定同位素标记物。

6.5.2 液相色谱–质谱联用(LC–MS)

分离热稳定性差及不易蒸发以及含有非挥发性的样品,常常采用液相色谱法。但由于液相色谱分离要使用大量的流动相,因而在进入高真空度的质谱仪之前如何有效地除去流动相而不损失样品,是液相色谱–质谱联用技术的难题之一。液相色谱和质谱的接口现在广泛使用的是离子喷雾和电喷雾技术,该技术有效地实现了液相色谱与质谱的连接。

(1)液相色谱–质谱联用分析色谱条件的选择

使用液相色谱–质谱联用时,对于色谱条件重点考虑流动相、样品性质及色谱柱的选择,具体要求有以下几个。

①流动相的选择。

常用的流动相为甲醇、乙腈、水和它们不同比例的混合物以及一些易挥发盐的缓冲液,如甲酸铵、乙酸铵等,还可加入易挥发酸碱(如甲酸、乙酸和氨水等)调节 pH 值。

a. 梯度:梯度的起始避免从纯水相开始。

b. 缓冲溶液:液相色谱–质谱联用接口避免进入不挥发的缓冲液,避免含磷和氯的缓冲液,含钠和钾的成分必须<0.5 mmol/L(盐分太高会抑制离子源的信号和堵塞喷雾针及污染仪器)。若含甲酸(或乙酸)<1%,含三氟乙酸≤0.2%,含三乙胺<0.5%,含醋酸铵<2 ~5 mmol/L,进样前一定要摸好液相色谱条件,能够基本分离,缓冲体系符合质谱。避免使用硫酸盐、磷酸盐和硼酸盐等非挥发性缓冲剂,需用挥发性缓冲剂如乙酸铵、甲酸铵、乙酸、三氟乙酸(TFA)、七氟丁酸(HF-BA)、氨水、氢氧化四丁基铵(TBAH)等代替。

c. 流动相 pH 值:当用挥发性酸、碱,如甲酸、乙酸、三氟乙酸和氨水等代替非挥发性酸、碱时,pH 值通常应保持不变。

d. 流动相的选择:对于反相流动相,可选择甲醇和乙腈;正相流动相可选择甲醇、乙腈、异丙醇和正己烷。

e. 流动相调节剂:为了取得较好的分析结果,可根据质谱离子模式,向流动相中添加适当的调节剂,如正离子模式,可添加甲酸、乙酸和三氟乙酸(依据化合物性质);负离子模式可添加氨水;同时适用于正离子和负离子可添加甲酸铵或乙酸铵。

特别注意的是,有些添加剂不但不会改善分析结果,反而会对分析结果的准确性产生不良影响,如金属离子缓冲盐影响离子化;表面活性剂影响去溶剂化过程;离子对试剂可以离子化,而导致高背景噪声;强离子对试剂可与待测物反应,导致待测物不能离子化。

f. 应根据具体的实验条件和样品的性质,选择最佳的液相流速,可采用内径较小的色谱柱(微径柱)和柱后分流(低流速下,浓度型检测器,不影响灵敏度)的方式。

②样品性质。

a. 样品相对分子质量通常不宜过大(<1000),分子结构中不含有极性基团。

b. 样品溶剂中应添加适当甲醇(尤其是只溶于氯仿的溶剂),以利于质子传递而获得较好的响应信号。

③流量和色谱柱的选择。

a. 不加热电喷雾电离源的最佳流速是1~50 pL/min,应用4.6 mm内径液相色谱柱时要求柱后分流,目前大多数采用1~2.1 mm内径的微柱。

b. 大气压化学电离的最佳流速是1.0 mL/min,常规的直径4.6 mm柱最合适。

c. 为了提高分析效率,常采用<100 mm的短柱,这对于大批量定量分析可以节省大量时间。

(2)液相色谱–质谱联用分析质谱条件的选择

使用液相色谱–质谱联用时,质谱条件的选择应考虑三个方面:电离模式的选择、多反应监测参数优化、离子源参数优化。

①电离模式的选择。

a. 电喷雾电离。适用于离子在溶液中已生成,化合物无须具有挥发性的样品,是分析热不稳定化合物的首选。该种电离模式除了生成单电荷离子之外,还可生成多电荷离子。

正离子电喷雾电离模式:第一,适合于碱性样品,可用乙酸或甲酸对样品加以酸化。样品中含有仲氨或叔氨时可优先考虑使用正离子模式。第二,使用酸性流动相。

负离子电喷雾电离模式:第一,适合于酸性样品,可用氨水或三乙胺对样品进行碱化。样品中含有较多的强负电性基团,如含氯、含溴和多个羟基时可尝试使用负离子模式。第二,有杂原子,可失去质子,如-COOH、-OH。第三,中性偏碱性流动相。

b. 大气压化学电离。适用于离子在气态条件中生成,具有一定的挥发性的、热稳定的化合物,该种电离方式只生成单电荷离子。

适用样品包括:第一,相对分子质量和极性中等的化合物:脂肪酸、邻苯二甲酸酯类;第二,不含酸性和碱性位点的化合物:碳氢化合物、醇、醛、酮和酯;第三,含有杂原子的化合物:脲、氨基甲酸酯;第四,电喷雾电离响应不好的样品。

应避免的样品是在汽化过程中热不稳定的化合物。从保护仪器角度出发,防止固体小颗粒堵塞进样管道和喷嘴,污染仪器,降低分析背景,排除对分析结果的干扰。

溶液化学参数:与电喷雾电离源相比,对溶液化学作用不灵敏;与电喷雾电离源相比,更耐大的流速;适用电喷雾电离源不宜的一些溶剂。

②多反应监测参数优化。

多反应监测参数的优化,可按照以下步骤进行:

a. 全扫描或选择离子扫描。优化毛细管出口电压,保证母离子的传输效率。

b. 子离子扫描。使用已优化好的毛细管出口电压,选择定性定量离子,优化碰撞能量,得到优化子离子的响应。

c. 多反应监测定量。使用已优化好的毛细管出口电压和碰撞能量,优化驻留时间。

③离子源参数优化。

离子源参数的优化设置直接影响分析的灵敏度和稳定性,应从以下四个方面考虑:

a. 干燥气温度及流量的优化:影响去溶剂干燥效果。

b. 雾化器压力或喷针位置的优化:影响雾化效果。

c. 其他辅助雾化干燥气参数的优化:提高干燥雾化效果,匹配高流速条件。

d. 毛细管电压的优化:影响电离效果及源内诱导裂解。

（3）定性分析

单级质谱分析通过选择合适的全扫描参数来测定待测物的质谱图。串联质谱分析则选择化合物的准分子离子峰,通过优化质谱参数,进行二级或多级质谱扫描,获得待测物的质谱。高分辨质谱可通过准确质量测定获得分子离子的元素组成,低分辨质谱信息结合待测化合物的其他分子结构的信息,可推测出未知待测物的分子结构。

（4）定量分析

采用选择离子监测或选择反应监测、多反应监测等方式,通过测定某一特定离子或多个离子的丰度,并与已知标准物质的响应比较,质谱法可实现高专属性、高灵敏度的定量分析。外标法和内标法是质谱常用的定量方法,内标法具有更高的准确度。质谱法所用的内标化合物可以是待测化合物的结构类似物或稳定同位素标记物。

6.6　质谱仪的日常维护技术

6.6.1 高真空系统的维护

高真空系统对于质谱仪来说至关重要,如果达不到高真空度,仪器将无法正常运行。日常维护时要对机械泵的滤网与泵油进行定期观察与更换,泵的油面宜在2/3处,泵长期运行时每周需拧开灰色振气旋钮(5~6圈)进行30 min振气,使油内的杂物排出,然后再拧紧该旋钮。如果用大气压化学电离,每天工作结束后应按上述方法对机械泵实施振气。泵油的更换通常是累计使用3 000 h更换一次,但如果发现油的颜色变深或液面下降至1/2以下,需及时更换。另外,控制室温在15~28 ℃对真空泵也十分重要,温度过高会造成泵油的外溢。

6.6.2 离子源的维护

对质谱仪正常运行影响较大而又常需要进行维护与管理的是真空系统和离子源部分。

（1）毛细管、电晕放电针

如果毛细管或探头尖出现不可恢复的阻塞、有划痕或遭到损坏时,需及时清洗或更换。另外,当使用大气压化学电离源时如发现电晕放电针看上去被腐蚀、变黑或信号灵敏度下降时,要对放电针进行清洁,可用钳子将其拔出,用研磨片清洁电晕针并磨尖针尖,然后用浸透甲醇的织物将针擦干净。如果放电针已变形或损坏,可将其换掉。

（2）一级、二级锥孔

如果发现采样锥孔明显变脏或仪器灵敏度下降,应及时拆卸下采样锥孔和挡板进行清洗。卸载时将离子源温度降至室温,关闭真空隔离阀,取出锥孔滴甲酸数滴,浸润几分钟,在 V∶V=1∶1

的溶剂中超声清洗20 min,然后再用纯甲醇超声清洗。如果清洗后仍不能增加信号强度,而又排除了样品有关因素时,就要拆卸下萃取锥孔(二级锥孔)、整个离子座和六极器进行清洗,萃取锥孔和离子座的清洗方法可参考采样锥孔;六极器的清洗可用一个不锈钢钩子插入装置后支撑环的一个孔中,将装置吊入一个500 mL量筒中,加入纯甲醇超声清洗30 min,取出后晾干或氮气吹干再进行安装。

7 实验操作示例

7.1 植物油中的不饱和脂肪酸含量测定

7.1.1 目的及要求

(1)掌握样品预处理方法(样品乙酯化方法)。
(2)气相色谱法分离样品的原理及操作。
(3)质谱碎片的解析原理及方法。
(4)掌握用化合物的保留时间和质谱碎片的丰度比定性,外标法定量。

7.1.2 方法原理

试样经乙酯化去除饱和脂肪酸,利用气相色谱对不饱和脂肪酸进行分离,质谱进行定性,利用归一化法进行定量。

7.1.3 仪器与试剂

(1)仪器
气相色谱-质谱联用仪、水浴锅、薄层色谱(硅胶 G 薄层板)。
(2)试剂
二十碳五烯酸(EPA)甲酯、二十二碳六烯酸(DHA)乙酯、二十二碳五烯酸(DPA)甲酯、氢氧化钠乙醇溶液、三氟化硼乙醇溶液、饱和氯化钠溶液、正庚烷、无水硫酸钠、石油醚、乙醚、0.02%若丹明乙醇溶液。

7.1.4 实验内容

(1)样品的制备
① 植物油的乙酯化。
取样品 80 μL 于具塞刻度试管(5 或 10 mL)中,加 0.5 mol/L 氢氧化钠乙醇 1 mL,充氮气,加塞,于 50 ℃水浴中振摇至小油滴完全消失(为 8 ~ 10 min);加三氟化硼乙醇液 1.5 mL,混匀,于

50 ℃水浴中放置5 min,取出冷却;加正庚烷1 mL、饱和氯化钠液2 mL,振摇混匀,静置分层,取上层正庚烷液于另一具塞试管中;加少量无水硫酸钠,充氮气,于4 ℃冰箱放置,待GC分析。

②薄层色谱法检查乙酯化程度。

取上述乙酯化样品5 μL,点于硅胶G薄层板(20 cm×5 cm,110 ℃活化)上,用石油醚(沸程30~36 ℃):乙醚=90:10展开,然后喷涂0.02%若丹明乙醇液,于紫外灯下观察,脂肪酸、甘油三酯和脂肪酸甲酯的R值依次增大。脂肪酸和甘油三酯点的消失,说明乙酯化反应完全。

(2)样品的净化

准确移取5 mL的待净化滤液至固相萃取柱(SPE)中。再用3 mL水、3 mL甲醇淋洗,弃淋洗液,抽近干后用3 mL氨化甲醇溶液洗脱,收集洗脱液,50 ℃下氮气吹干。

(3)样品的衍生化

取上述氮气吹干残留物,加入600 μL的吡啶和200 μL衍生化试剂[N,O-双三甲基硅基三氟乙酰胺(BSTFA)+三甲基氯硅烷(TMCS)(99+1),色谱纯],混匀,70 ℃反应30 min后,供气相色谱-质谱联用法定量检测或确证。

(4)色谱条件

① 色谱柱:PEG-20M石英毛细管柱(30 m×0.25 mm,0.25 μm)。

② 流速:1.0 mL/min。

③ 程序升温:40 ℃保持1min,以10 ℃/min的速率升温至200 ℃,保持5 min,再以30 ℃/min的速率升温至210 ℃,保持2 min。

④ 载气:氮气;柱前压3.0 kPa;分流比为1:30。

⑤ 进样口温度:250 ℃。

⑥ 进样方式:分流进样。

⑦ 进样量:1 μL。

(5)质谱条件

① 电离方式:电子轰击电离。

② 电离能量:70 eV。

③ 离子源温度:250 ℃。

④ 质量扫描范围:350 AmU/s。

(6)结果计算

直接从标准曲线上读出试样中不饱和脂肪酸的浓度,代入计算

$$X = \frac{(c_t - c_b) \times V \times f}{1000 \times m}$$

式中X:试样中不饱和脂肪酸含量,g/kg;

c_t:从标准曲线上读取的试样溶液中不饱和脂肪酸浓度,μg/mL;

c_b:从标准曲线上读取的空白溶液中不饱和脂肪酸浓度,μg/mL;

V:试样溶液定容后的体积,mL;

m:试样的质量,g;

f:试溶液的稀释因子。

7.2　化妆品中性激素测定

7.2.1 目的及要求

（1）了解化妆品中常见的性激素类型。

（2）掌握超高效液相色谱分离紫外检测定量的方法及原理。

（3）掌握质谱仪定性分析的方法及原理。

（4）掌握超高效液相色谱分离紫外检测定量−串联质谱定性联用的方法及原理，能对样品进行定性分析及谱图解析。

7.2.2 方法原理

化妆品中的激素主要集中在类固醇类激素上，按药理作用分为性激素和肾上腺皮质激素。性激素包括雄激素、雌激素和孕激素。性激素添加到化妆品中具有促进毛发生长、丰乳、美白、除皱和增加皮肤弹性等作用，但长期过量使用添加性激素的化妆品，会导致女性乳腺癌和子宫肌瘤的发病率大大提高，还可引起月经不调、色素沉着、黑斑、皮肤变薄和萎缩等不良反应甚至有致癌的危险。由于具有特殊的美容功效，性激素常常被一些化妆品生产商添加到各类功能性化妆品中，给消费者健康带来损害。我国《化妆品卫生规范》中规定性激素为化妆品的禁用物质，并提供了化妆品中雌二醇等7种性激素测定的液相色谱−气质联用检测方法，如《化妆品中四十一种糖皮质激素的测定（液相色谱−串联质谱法和薄层层析法）》（GB/T24800.2−2009）以薄层层析法进行定性筛选，液相色谱串联质谱法进行定量测定；《进出口化妆品中糖皮质激素类与孕激素类检测方法》（SN/T2533−2010）中则规定了化妆品中17种糖皮质激素和11种孕激素的液相色谱法和液相色谱串联质谱法等。对色谱检出阳性的样品必须要进行质谱确认。

《化妆品卫生规范》中规定化妆品中涉及的性激素种类包括雌酮、雌二醇、雌三醇、己烯雌酚、睾酮、甲睾酮和黄体酮7种。上述7种性激素的定量测定方法为高效液相色谱紫外检测器法；定性测定方法为气相色谱−质谱联用法定性。本项目采用超高效液相色谱−串联质谱法对化妆品中的7种性激素进行定量测定，旨在训练学生对超高效液相色谱及质谱仪的操作应用。

7.2.3 仪器与试剂

（1）仪器

超高效液相色谱/串联质谱、色谱柱（Waters Acquity UPLC BEH C_{18}柱，2.1 mm×50 mm，1.7 μm）、固相萃取装置。

（2）试剂

雌酮、雌二醇、雌三醇、己烯雌酚、睾酮、甲睾酮和黄体酮7种性激素的标准品。

7.2.4 实训内容

（1）标准溶液的配制

单标储备溶液：准确称取7种性激素标准品各0.06 g（精确至0.0600 g），分别置于100 mL容量瓶中，用甲醇溶解并定容至刻度，配成浓度为600 μg/mL标准储备液。

混合标准工作液：分别移取上述各单标储备液5.0 mL，置于一只50 mL容量瓶中，用甲醇溶液稀释至刻度，得到浓度为60 μg/mL混合标准工作液。

（2）样品处理

准确称取混匀试样约1.0 g于试管中，用乙醚2.0 mL振荡提取3次，合并提取液，氮气吹干后，加入乙腈1 mL超声提取移出，再用乙腈0.5 mL振荡洗涤，合并乙腈用氮气吹干。残渣加甲醇0.5 mL超声溶解后加入水3.5 mL，混匀，用C_{18}柱进行吸附（小柱预先依次用3.0 mL甲醇和5 mL水平衡），然后用乙腈+水（1+4）3.0 mL洗涤，真空抽干。最后用乙腈7.0 mL洗脱，经0.22 μm滤膜过滤得到待测液，在设定色谱条件下进样5.0 μL分析。

（3）液相色谱条件

色谱柱：Waters Acquity UPLC BEH C_{18}柱；

流动相：A为乙腈，B为水，采用梯度洗脱，初始时乙腈的体积分数为25%，至7 min线性增长至60%，7.1 min后恢复初始流动相，平衡1.5 min结束；

流速：0.3 mL/min；

进样量：5 μL；

紫外吸收波长：215 nm。

（4）质谱参考条件

离子化方式为电喷雾电离（ESI），其中雌性激素采用ESI⁻，雄性激素和黄体酮采用ESI⁺；毛细管电压：2.8 kV；电离源温度：100 ℃；脱溶剂气温度：350 ℃；脱溶剂气流量：500 L/h；锥孔气流量：50 L/h。

质谱采集方法：多反应监测串联质谱（MRM），包括两个采集通道，第一通道采集正离子，第二通道采集负离子。

各目标化合物特征离子，及其对应的锥孔电压、碰撞诱导解离能量及采集通道序号见表7-1。

表7-1 各目标化合物特征离子及其质谱参考条件

编号	化合物	母离子(m/z)	离子源	锥孔电压/V	子离子(m/z)	碰撞能量/eV
1	睾酮	289	ESI⁺	30	97ª;109	20
2	甲睾酮	303	ESI⁺	30	97ª;109	18
3	黄体酮	315	ESI⁺	30	97ª;109	20
4	雌三醇	287	ESI⁻	50	171ª;183	35
5	雌二醇	271	ESI⁻	50	183ª;145	40
6	雌酮	269	ESI⁻	50	145ª;159	38
7	己烯雌酚	267	ESI⁻	40	237ª;251	28

注：a为定量离子。

（5）标准曲线绘制

精密量取 1.0 mg/L 的混合标准工作液 0.5 mL、1.0 mL、2.0 mL、3.0 mL、5.0 mL、10.0 mL，分别置于 10 mL 容量瓶中，用甲醇溶液稀释至刻度，摇匀，配制成 3.0 μg/mL、6.0 μg/mL、12.0 μg/mL、18.0 μg/mL、30.0 μg/mL、60.0 μg/ mL 的标准系列混合工作溶液，10 μL 进样，以峰面积对浓度绘制标准曲线。

（6）结果计算

直接从标准曲线上读出试样中性激素的浓度，其表达式为

$$X = \frac{(c_t - c_b) \times V \times f}{1000 \times m}$$

式中 X：试样中性激素含量，g/kg；

c_t：从标准曲线上读取的试样溶液中性激素浓度，μg/mL；

c_b：从标准曲线上读取的空白溶液中性激素浓度，μg/ mL；

V：试样溶液定容后的体积，mL；

m：试样的质量，g；

f：试样溶液的稀释因子。

7.2.5 注意事项

（1）本项目采用梯度洗脱程序，以保证 7 种性激速均可得到很好的分离，即可排除相互干扰，也可缩短样品的分析时间。

（2）由于各目标化合物分子结构的特点，睾酮、甲睾酮、黄体酮的电离方式选择 ESI⁺，雌三醇、雌二醇、雌酮、己烯雌酚四种雌性激素的电离方式采用 ESI⁻，两种电离方式瞬间切换进行多反应监测采集。

7.3 悬浮颗粒物中多氯有机化合物定性分析

7.3.1 目的及要求

（1）了解悬浮颗粒物中多氯化合物类型。
（2）质谱仪定性分析的方法及原理。

7.3.2 实验原理

有机氯农药（OCPs）和多氯联苯（PCBs）具有较低的水溶解度和较高的脂溶性，因此在水体中，此类物质大部分易被分配到颗粒物的有机质中，同时由于这类有机物在环境中的持久性对人类健康产生的潜在危害性，使此类物质在环境中的残留问题越来越受到关注。目前，在环境中易

被检出的多氯有机化合物种类就达150种以上。

本方法是利用多氯有机化合物的化学性质,通过有机溶剂萃取,再经过纯化浓缩,利用气相色谱–质谱联用仪,样品首先经过气相色谱柱分离成为单一组分,再经过质谱仪的离子源,在离子源分子被电离成离子,离子经过质量分析器后即按m/z顺序排列成谱。经检测器检测后得到质谱,计算机采集并存储质谱,经过适当处理即可得到样品的质谱图和色谱图等。经计算机检索后可得到化合物的定性结果,由色谱图还可以进行各组分的定量分析。

7.3.3 仪器与试剂

(1)仪器

气相色谱–质谱联用仪;超声波清洗机;离心机;减压旋转蒸发仪及玻璃仪器1套;恒温水浴锅;马弗炉;滴管;10 μL和100 μL微量进样器;0.7 μm玻璃滤膜。

(2)试剂

正己烷(HPLC)级;二氯甲烷(HPLC)级;异丙醇(HPLC)级;壬烷(HPLC)级;无水硫酸钠于450 ℃烘干6 h,待用;硅胶100~200目,色谱层析用试剂;高纯氮气;高纯氦气。

7.3.4 实验步骤

(1)样品制备

1 L水样采集后过滤,将截留在0.7 μm玻璃滤膜上的悬浮物经风干、研碎、混匀,置于棕色瓶中低温(−4 ℃)保存,待分析。

(2)超声萃取

准确称取已干燥的沉积物5.0 g于50 mL具塞圆底烧瓶中,加入10 mL二氯甲烷、15 mL正己烷混合溶剂,盖紧瓶塞,用超声波振荡萃取2次,30 min/次。萃取后的样品于4000 r/min速度下离心10 min,分离有机层,固相残留部分用5 mL正己烷振摇5 min后分离,合并有机相后,接旋转蒸发仪浓缩至0.5 mL。

(3)纯化硅胶柱装填和活化

在8 cm的滴管内依次加入准确称量的1.0 g硅胶和0.5 g无水硫酸钠,滴定管两端均填入玻璃毛(注意:硅胶需于140 ℃烘干24 h,然后用3%的超纯水去活,无水硫酸钠于450 ℃灼烧6 h)。硅胶柱分别以4 mL二氯甲烷清洗2次,再用4 mL正己烷清洗2次,淋洗过程中注意硅胶柱上端液面不能下降至干。

(4)纯化

将洗脱液收集于25 mL的梨形瓶中,旋转蒸发至2 mL,再加入150 μL壬烷,继续旋转蒸发至200 μL(注意不要蒸干),最后用高纯氮气缓慢吹至100 μL,进行气相色谱–质谱联用分析。

(5)气相色谱–质谱联用分析

①仪器准备。

开启载气及仪器电源,设置分析所需的条件和仪器参数。

②分析条件。

a. 气相色谱。

色谱柱:DB–5MS,毛细管柱长30 m。

汽化温度:250 ℃

柱温:三阶程序升温方式,按表7-2设定。

表7-2　三阶程序升温方式

	升温速率/(℃/min)	温度/℃	保持时间/min
初始	—	60	1
一阶	20	170	0
二阶	4	190	0
三阶	8	270	20

载气:氦气。

线速度:1 mL/min。

b. 质谱条件。

离子源温度:230 ℃。

传输线温度:250 ℃。

质量范围:50~600。

③进样分析。

当仪器稳定后,即可进样分析,进样量1 μL。

7.3.6 数据处理

采集数据后,显示屏打印总离子色谱图,打印所需检测组分(有机氯农药、多氯联苯)的质谱图,并进行计算机检索。

7.3.7 注意事项

(1)超声波振荡萃取时,瓶塞一定要盖紧,以免超声时有挥发影响测定的准确性。

(2)由于多氯有机化合物普遍存在于环境中,实验过程中必须严格防止样品的污染,实验中使用的玻璃仪器需用丙酮和正己烷仔细清洗,再用大量超纯水清洗并烘干。

(3)进行气相色谱-质谱联用分析时,其进样量和样品浓度要掌握好,进样量一般为1 μL,因此样品的最后浓缩体积要求能满足仪器的最低检测限。

7.4 可乐、咖啡、茶叶中咖啡因的高效液相色谱分析

7.4.1 目的及要求

(1)理解反相色谱的原理和应用。

(2)掌握标准曲线定量法。

7.4.2 实验原理

咖啡因又称咖啡碱,属黄嘌呤衍生物,化学名称为1,3,7-三甲基黄嘌呤,是从茶叶或咖啡中提取而得的一种生物碱。它能兴奋大脑皮层,使人精神兴奋。咖啡中咖啡因含量为1.2%~1.8%,茶叶中为2.0%~4.7%,可乐饮料、APC药片等中均含咖啡因。其分子式为$C_8H_{10}O_2N_4$。

样品在碱性条件下,用氯仿定量提取,采用EconospHere C_{18}反相液相色谱柱进行分离,以紫外检测器进行检测,以咖啡因标准系列溶液的色谱峰面积对其浓度做工作曲线,再根据样品中的咖啡因峰面积,由工作曲线算出其浓度。

7.4.3 仪器与试剂

(1)仪器

Agilent 1200液相色谱仪(美国)、EconospHere C_{18}反相色谱柱、10 cm×4.6 cm平头微量注射器。

(2)试剂

甲醇(色谱纯)、超纯水、二氯甲烷(色谱纯)、l mol/I NaOH、NaCl(分析纯)、NagSO₄(分析纯)、咖啡因(分析纯)、可口可乐(1.25 L瓶装)、雀巢咖啡、茶叶、1 000 mg/L咖啡因标准储备溶液。

l 000 mg/L咖啡因标准储备溶液:将咖啡因在100 ℃下烘干1 h,准确称取0.1000 g咖啡因,用二氯甲烷溶解,定量转移至100 mL容量瓶中,用二氯甲烷稀释至刻度。

7.4.4 实验步骤

(1)按操作说明书使色谱仪正常工作,色谱条件如下。

柱温:室温。

流动相:甲醇:水= 60:40。

流动相流量:1.0 mL/ min。

检测波长:275 nm。

(2)咖啡因标准系列溶液的配制

分别用吸量管吸取0.40 mL、0.60 mL、0.80 mL、1.00 mL、1.20 mL、1.40 mL咖啡因标准储备液于六只10 mL容量瓶中,用二氯甲烷定容至刻度,浓度分别为40 mg/L、60 mg/L、80 mg/L、100 mg/L、120 mg/L、140 mg/L。

(3)样品处理

①将约100 mL可口可乐置于250 mL洁净、干燥的烧杯中,剧烈搅拌30 min或用超声波脱气5 min,以清除可乐中的二氧化碳。

②准确称取0.25 g咖啡,用超纯水溶解,定量转移至100 mL容量瓶中,定容至刻度,摇匀。

③准确称取0.30 g茶叶,用30 mL超纯水煮沸10 min,冷却后,将上层清液转移至100 mL容量瓶中,并按此步骤再重复两次,最后用蒸馏水定容至刻度。

将上述三份样品溶液分别进行干过滤(即用干漏斗、干滤纸过滤),弃去前过滤液,取后面的过滤液。

分别吸取上述三份样品滤液25.00 mL于125 mL分液漏斗中,加入1.0 mL饱和氯化钠溶液,l mL 1mol/L NaOH溶液,然后用20 mL二氯甲烷分三次萃取(l0 mL、5 mL、5 mL)。将二氯甲烷提取液分离后经过装有无水硫酸钠的小漏斗(在小漏斗的颈部放一团脱脂棉,上面铺一层无水硫酸钠)脱水,过滤到25 mL容量瓶中,最后用少量二氯甲烷多次洗涤无水硫酸钠小漏斗,将洗涤液合并至容量瓶中,定容至刻度。

(4)绘制工作曲线

待液相色谱仪基线平直后,分别注入咖啡因标准系列溶液l0 μL,重复两次,要求两次所得的咖啡因色谱峰面积基本一致;否则,继续进样,直至每次进样色谱峰面积重复,记下峰面积和保留时间。

(5)样品测定

分别注入样品溶液10 μL,根据保留时间确定样品中咖啡因色谱峰的位置,再重复两次,记下咖啡因的色谱峰面积。

(6)实验结束后,按要求关好仪器

7.4.5 数据处理

(1)根据咖啡因标准系列溶液的色谱图.绘制咖啡因峰面积与其浓度的关系曲线。

(2)根据样品中咖啡因色谱峰的峰面积,由工作曲线计算可口可乐、咖啡、茶叶中咖啡因含量(分别用mg/L、mg/g和mg/g表示)。

7.4.6 注意事项

(1)测定咖啡因的传统方法是先经萃取,再用分光光度法测定。由于一些具有紫外吸收的杂质同时被萃取,所以测定结果具有一定误差。液相色谱法先经色谱柱高效分离后再检测分析,测定结果准确。实际样品成分往往比较复杂,如果不先萃取而直接进样,虽然操作简单,但会影响色谱柱的寿命。

(2)不同牌号的茶叶、咖啡中咖啡因含量不相同,称取的样品量可酌量增减。

(3)若样品和标准溶液需保存,应置于冰箱中。

(4)为获得良好的结果,标样和样品的进样量要严格保持一致。

7.5 环境样品中多环芳烃测定

7.5.1 目的及要求

(1)掌握气相色谱–质谱联用工作的基本原理。

(2)了解仪器的基本结构及操作。

(3)初步学会分离检测条件的优化。

(4)初步学会谱图的定性定量分析。

7.5.2 实验原理

(1)气相色谱(GC)

气相色谱是一种分离技术。在实际工作中要分析的样品通常很复杂,因此,对含有未知组分的样品,首先必须要将其分离,然后才能对有关组分做进一步的分析。混合物中各个组分的分离性质在一定条件下是不变的,因此,一旦确定了分离条件,就可用来对样品组分进行定量分析。

气相色谱主要是利用物质的沸点、极性及吸附性质的差异来实现混合物的分离。待分析样品在汽化室汽化后被惰性气体(即载气,也叫流动相)带入色谱柱,柱内含有固定相,由于样品中各个组分的沸点、极性或吸附性能不同,每种组分都倾向于在流动相和固定相之间形成分配或吸附平衡。载气在流动,使得样品组分在运动中进行反复多次的分配或吸附/解吸,结果使在载气中分配浓度大的组分先流出色谱柱进入检测器,检测器将样品组分的存在与否转变为电信号,电信号的大小与被测组分的量或者浓度成比例,这些信号放大并记录下来就成了所看到的色谱图。

(2)质谱(MS)

质谱法是通过将样品转化为运动的气态离子并按照质荷比(m/z)大小进行分离记录的分析方法。根据质谱图提供的信息可以进行多种有机物及无机物的定性定量及结构分析。其早期主要用于分析同位素,现在已经成为鉴定有机化合物结构的重要工具之一。质谱可以提供相对分子质量信息以及丰富的碎片离子信息,从而根据碎裂方式和碎裂理论深入研究质谱碎裂机理,为分析鉴定有机化合物结构提供数据,对于离子结构对应的分子组成、精确质量的测定给出有力的证明。对于一个未知物而言,可以在一定程度上通过质谱来确定其可能的结构特征。

本实验用的仪器是电子轰击离子源(EI源),有机化合物在高真空中受热汽化后,受到具有一定能量的电子束轰击,可使分子失去电子而形成分子离子。这些离子经离子光学系统聚焦后,进入离子阱质量分析器,通过射频电压扫描,不同质荷比的离子相继排出离子阱而被电子倍增器检测。

(3)气质联用(GC–MS)

色谱法对有机化合物是一种有效的分离分析方法,但有时候定性分析比较困难,而质谱法虽然可以进行有效的定性分析,但对复杂的有机化合物的分析就很困难了,因此色谱法和质谱法的结合为复杂有机化合物的定量、定性及结构分析提供了一个良好的平台。气质联用仪是分析仪器中较早实现联用技术的仪器,在所有联用技术中气质联用发展最完善,应用最为广泛。二者的有效结合既充分利用了气相色谱的分离能力,又发挥了质谱定性的专长,优势互补。结合谱库检索,对容易挥发的混合体系,一般情况下可以得到满意的分离及鉴定结果。气相色谱仪分离样品中各个组分,起着样品制备的作用;接口把气相色谱流出的各个组分送入质谱仪进行检测;质谱仪对接口引入的各个组分进行分析,成为气相色谱的检测器;计算机系统控制气相色谱、接口和质谱仪,进行数据采集和处理。

7.5.3 仪器与试剂

(1)仪器

气相色谱-质谱联用仪(美国 Agilent 7890A/5975C);毛细管气相柱:Agilent DB-5 MS 30 m× 0.25 mm×0.25 μm。

(2)试剂

标准样品:多环芳烃混合样品(萘、苊、二氢苊、芴、菲、蒽、荧蒽、芘、苯并蒽、苯并荧蒽、苯并芘、茚并芘、二苯并蒽、苯并苝)。

测试样品:环境中萃取出来的多环芳烃混合物。

7.5.4 实验步骤

(1)进样操作:优化一个气相色谱条件来测定环境中萃取出来的多环芳烃。

(2)图谱检索与解析:从标准样品图谱中寻找并确定目标化合物;实际样品中鉴定不同的多环芳烃。

7.5.5 数据处理

(1)利用质谱图对色谱流出曲线上的每一个色谱峰对应的化合物进行定性鉴定。

(2)利用标准品对环境中萃取出来的多环芳烃混合物中的每一种多环芳烃进行定量分析。

7.5.6 注意事项

(1)小心不要碰到气相色谱仪进样口,以免烫伤!

(2)不要随意按动仪器面板上的按钮,以免出现不可预知的故障与危险。

(3)做实验之前请认真预习相关知识,可参考教材中的气相色谱法和质谱法中的相关内容。

(4)进样时要使针头垂直插入进样口,小心不要把进样针弯折。

(5)多环芳烃多有致癌作用,实验完毕请及时洗手。

7.6 饮用水中苯类化合物测定

7.6.1 目的及要求

(1)掌握固相微萃取工作的基本原理。

(2)了解仪器的基本结构及操作。

(3)初步学会多仪器联用操作。

7.6.2 实验原理

以 PDMS(聚二甲基硅烷)萃取针提取、浓缩,并用气相色谱-质谱联用法测定饮用水中苯、甲苯、氯苯、乙苯、对二甲苯、苯乙烯、异丙苯、丙苯和1,2二氯苯类化合物。

7.6.3 试剂和仪器

(1)试剂

苯;甲苯;氯苯;乙苯;对二甲苯;苯乙烯;异丙苯;丙苯;1,2-二氯苯;色谱纯。均购自美国 Sigma-Aldrich 公司。

100 μg /mL 混合标准贮备液(甲醇):分别准确称取各化合物,溶解于色谱纯甲醇(Fisher)中,使其浓度约为 μg /mL,再分别精确量取各化合物适量于同一容量瓶中,以甲醇稀释至刻度,使混合标准液浓度为 100 μg /mL。

10 μg /mL 混合标准贮备液(水):以超纯水(美国 Millipore 公司)稀释,其他步骤同上。

(2)仪器

固相微萃取装置及顶空瓶(Supelco 公司);气相色谱仪,GC7890A(美国安捷伦公司);气相色谱-质谱联用仪,GC/MSD5975C(美国安捷伦公司)。

分析参数:使用 30 m×250 μm×0.25 μm HP-5MS 毛细管色谱柱,起始温度为 35 ℃保持 5 min,以 3 ℃/min 升至 60 ℃,然后以 8 ℃/min 升至 180 ℃。其他参数为:进样口温度 200 ℃,氢火焰离子化检测器温度 250 ℃,分流比 30∶1,N_2 和 He 流速 1.8~1.5 mL/min;质量数范围 50~350 amu,EM 电压 1800 mV,MS 源温度 230 ℃,四极杆温度 150 ℃。

7.6.4 实验步骤

在 20.0 mL 顶空瓶中加入 10.0 mL 待测物(标准或样品溶液),加热并搅拌,用 100 μm PDMS 萃取针顶空萃取 8 min,在色谱进样口热解析 2 min,以氢火焰离子化检测器分析检测,以色谱峰保留时间定性,出峰顺序以 GC/MSD 确认,外标法定量计算,出峰顺序依次为苯、甲苯、氯苯、乙苯、对二甲苯、苯乙烯、异丙苯、丙苯和1,2-二氯苯。

7.6.5 方法优化

萃取时间经优化选定为 8 min,热解析时间设定为 2 min。该方法的相对标准偏差小于 5%,线性范围为 20~10 000 ng/mL,多数化合物的检测限低于 5 μg/L。饮用水样品检测显示,样品加标回收率范围在 84%~110% 以内。线性回归系数 0.9964~0.999 之间,整个检测过程仅需 10~20 min。

7.6.6 注意事项

(1)使用固相微萃取时要特别注意,不要把萃取针折断。

(2)不要随意按动仪器面板上的按钮,以免出现不可预知的故障与危险。

(3)做实验之前请认真预习相关知识,可参考教材中的气相色谱法和质谱法中的相关内容。

(4)小心不要碰到气相色谱仪进样口,以免烫伤。

参考文献
REFERENCES

[1]邹汉法,张玉奎,卢佩章.高效液相色谱法[M].北京:科学出版社,1998.

[2]于世林.高效液相色谱方法及应用 [M].北京:化学工业出版社,2000.

[3]牟世芬,刘克纳,丁晓静.离子色谱方法及应用[M].北京:化学工业出版社,2005.

[4]云自厚,欧阳津,张晓彤.液相色谱检测方法[M].北京:化学工业出版社,2005.

[5]吴方迪.色谱仪器维护与故障排除[M].北京:化学工业出版社,2001.

[6]北京大学化学系仪器分析教学组.仪器分析教程[M].北京:北京大学出版社,1997.

[7]孙毓庆,胡育筑.分析化学[M].北京:科学出版社,2006.

[8]傅若农.色谱分析概论[M].北京:化学工业出版社,2000.

[9]李浩春,卢佩章.气相色谱法[M].北京:科学出版社,1993.

[10]杜一平.现代仪器分析方法[M].上海:华东理工大学出版社,2008.

[11]周梅村.仪器分析[M].武汉:华中科技大学出版社,2008.

[12]邹红海,伊冬梅.仪器分析[M].银川:宁夏人民出版社,2007.

[13]朱若华,樊祥熹.环境分析与环境监测[M].北京:首都师范大学出版社,2006.

[14]张海波.环境分析化学实验[M].武汉:湖北科学技术出版社,2013.

[15]韦进宝,钱沙华.环境分析化学[M].北京:化学工业出版社,2002.

[16]张玉奎,张维冰,邹汉法.分析化学手册(第六分册)——液相色谱分析[M].北京:化学工业出版社,2000.